高等院校艺术设计类专业系列教材

Animate 2022
二维动画制作案例教程
（全视频微课版）

董佳佳　程远　金洪宇　编著

U0215041

清华大学出版社

北　京

内 容 简 介

本书采用案例教程的编写形式，兼具技术手册和应用技巧参考手册的特点，在实践应用中体现软件的功能和知识点，通过54个经典案例，使读者循序渐进地掌握Animate软件的操作方法，以及二维动画制作的各种技巧。本书共分8章，包括Animate 2022软件基础、Animate绘图功能、制作基础动画、制作高级动画、制作文字与按钮动画、应用声音和视频、应用ActionScript 3.0脚本和商业动画案例。

本书提供所有案例的素材文件、源文件、教学视频，以及PPT教学课件、教案和教学大纲等立体化教学资源，并附赠40集动画运动规律演示视频，获取方式见前言。

本书可作为高等院校影视动画、数字媒体艺术等专业的教材，也可作为相关从业人员和广大动画制作爱好者的参考书。

图书在版编目(CIP)数据

Animate 2022二维动画制作案例教程：全视频微课版 / 董佳佳，程远，金洪宇编著. —北京：清华大学出版社，2023.10（2025.1重印）

高等院校艺术设计类专业系列教材

ISBN 978-7-302-64538-2

Ⅰ.①A···　Ⅱ.①董···②程···③金···　Ⅲ.①动画制作软件－高等学校－教材　Ⅳ.①TP391.414

中国国家版本馆CIP数据核字(2023)第167135号

责任编辑：李　磊
封面设计：杨　曦
版式设计：思创景点
责任校对：成凤进
责任印制：杨　艳

出版发行：清华大学出版社
　　　　　网　　　址：https://www.tup.com.cn, https://www.wqxuetang.com
　　　　　地　　　址：北京清华大学学研大厦A座　　　　　邮　　编：100084
　　　　　社 总 机：010-83470000　　　　　邮　　购：010-62786544
　　　　　投稿与读者服务：010-62776969, c-service@tup.tsinghua.edu.cn
　　　　　质 量 反 馈：010-62772015, zhiliang@tup.tsinghua.edu.cn
印 装 者：三河市天利华印刷装订有限公司
经　　销：全国新华书店
开　　本：185mm×260mm　　　印　　张：11.5　　　字　　数：309千字
版　　次：2023年12月第1版　　　印　　次：2025年1月第2次印刷
定　　价：69.80元

产品编号：096850-01

Animate 2022是Adobe公司推出的一款二维动画制作软件。作为Adobe Creative Cloud套装的一部分，它提供了一系列高效的工具，帮助用户将各种形式的静态图像、手绘素材或其他涂鸦转换成全球受欢迎的动画格式。与过去的版本相比，Animate 2022的动画引擎得到了很大的改进，操作起来更加简便，引擎速度也得到了提高，使动画效果更加流畅，无论是用于2D游戏、网站设计，还是独立的动画项目，都可以让用户更加轻松地制作高质量的动画效果。

本书通过精美的案例不仅介绍了Animate 2022的强大功能，而且能够帮助读者在较短的时间内轻松掌握Animate 2022软件的相关知识，并灵活运用该软件。

本书特点

党的二十大报告为我国坚定推进教育高质量发展指出了明确的方向。在此背景下，本书编写组以"加快推进教育现代化，建设教育强国，办好人民满意的教育"为目标，以"强化现代化建设人才支撑"为动力，以"为实现中华民族伟大复兴贡献教育力量"为指引，进行了满足新时代新需求的创新性编写尝试。

本书内容由浅入深，以案例展开对软件功能的讲解，帮助读者尽快掌握软件的操作方法。本书具有如下特点。

- **内容全面**。本书涵盖Animate 2022的全部知识点，在动画制作中使用的各种方法和技巧都有相应的案例作为引导。
- **循序渐进**。本书由高校老师及一线设计师共同编写，从动画制作的一般流程入手，逐步引导读者学习软件操作和动画制作的各种技法。
- **通俗易懂**。本书以简洁、精练的语言讲解每一个案例和每一项软件功能，讲解清晰，前后呼应，让读者阅读更加容易，学习更加轻松。
- **案例丰富**。书中的每个案例都融入了作者多年的实践经验，每项功能都经过了技术认证，技巧全面实用，技术含量高。
- **理论与实践结合**。书中案例都围绕软件的某个重要知识点展开，与实践紧密结合，使读者更容易理解，方便掌握知识点，进而能够举一反三。

本书内容

本书系统地讲解了Animate 2022软件基础操作、图形绘制和动画制作方法等内容。

第1章　Animate 2022软件基础，对Animate 2022的基础功能进行介绍，包括软件的安装、启动与退出，文件的打开和关闭等基本操作，以及Animate动画模板的创建等。

第2章　Animate绘图功能，主要讲解不同绘制图形工具的使用方法和应用技巧，以绘制大量精美的矢量图形。

第3章　制作基础动画，主要讲解逐帧动画、补间动画、形状补间动画和传统补间动画这4种基础动画，通过案例的制作让读者充分了解这几种动画的区别和制作方法。

第4章　制作高级动画，主要讲解引导层动画、遮罩动画、骨骼系统和3D动画，使用这几种动画可以制作许多特殊的动画效果和模拟3D变换的动画效果。

第5章　制作文字与按钮动画，主要讲解Animate文字动画和各种Animate按钮动画，通过内容的介绍使读者了解不同类型的Animate文字动画的设计，以及对Animate中各种按钮元件动画的设计。

第6章　应用声音和视频，主要讲解如何在Animate动画中加入音效和插入视频，包括声音和视频在Animate软件中的编辑和使用方法，并通过多个案例的制作讲解，帮助读者掌握在Animate动画中对声音、视频的使用和控制方法。

第7章　应用ActionScript 3.0脚本，主要讲解ActionScript 3.0在Animate动画中的应用，通过使用ActionScript 3.0脚本代码可以实现很多特殊的动画效果。

第8章　商业动画案例，主要通过制作不同类型的Animate动画，综合运用和巩固前面所学习的知识，让读者将所学知识应用到实战中。

教学资源

本书提供所有案例的素材文件、源文件、教学视频，以及PPT教学课件、教案和教学大纲等立体化教学资源，并附赠40集动画运动规律演示视频。读者可直接扫描书中的二维码，观看教学视频；也可扫描右侧的二维码，将文件推送到自己的邮箱后下载获取。下载完成后，系统会自动生成多个文件夹，配套资源被分别保存在其中，将所有文件夹里的资源复制出来即可。

读者对象

本书主要面向初、中级读者，是非常实用的入门与提高教程。书中对于软件的讲解，从必备的基础操作开始，以前没有接触过Animate的读者无须参照其他书籍即可轻松入门；使用过Animate的读者同样可以从中快速了解该软件的各种功能和知识点。

本书可作为高等院校影视动画、数字媒体艺术等专业的教材，也可作为相关从业人员和广大动画制作爱好者的参考书。

本书作者

本书由董佳佳、程远、金洪宇编著。本书作者具有多年丰富的教学经验和动画制作经验，在编写本书时融入自己实际授课和动画制作过程中积累下来的宝贵经验与技巧，希望读者能够在体会Animate强大功能的同时，将创意和制作理念通过软件操作反映到动画制作的视觉效果中。

由于编者水平所限，书中难免有疏漏和不足之处，敬请广大读者批评指正，提出宝贵的意见和建议。

编　者

目录

第7章 **应用ActionScript 3.0脚本** **145**

第8章 **商业动画案例** **163**

第1章 Animate 2022软件基础

Animate以便捷、舒适、完美的动画编辑环境，深受广大动画制作者的喜爱。本章主要介绍Animate的基本操作，如新建、打开、关闭和保存等。读者在学习的过程中，不仅要了解基本的操作方法，还应该掌握如何快速进行操作。

案例1　安装Animate 2022

教学视频

本案例的目的是让读者掌握在Windows操作系统中安装Animate 2022的方法。图1-1为Animate 2022安装的流程图。

图1-1　操作流程图

案例　重点

● 掌握Animate 2022的安装方法

案例　步骤

01 → 将Animate 2022的安装包解压缩后，进入安装文件夹中，找到"Set-up.exe"，如图1-2所示。

02 → 双击"Set-up.exe"图标，进入Animate 2022软件安装界面，设置"语言"为"简体中文"，并指定安装路径，如图1-3所示。

03 → 单击"继续"按钮，进入安装界面，显示安装进度，如图1-4所示。

04 → 安装完成后，进入安装完成界面，提示软件已成功安装，如图1-5所示。

05 → 单击"关闭"按钮，关闭安装窗口，完成Animate 2022的安装。软件安装结束后，Animate 2022会自动在Windows程序组中添加Animate 2022的快捷方式，如图1-6所示。

图1-2　安装程序

图1-3　指定安装路径界面

图1-4　安装界面

图1-5　安装完成界面

图1-6　快捷方式

案例2　启动与退出Animate 2022

完成Animate 2022安装后，接下来就可以启动Animate 2022。本案例的目的是让读者掌握Animate 2022启动与退出的方法。图1-7为启动与退出Animate 2022的流程图。

教学视频

图1-7　操作流程图

- 掌握启动Animate 2022的方法
- 掌握退出Animate 2022的方法

案例 步骤

01 → 如果需要启动Animate 2022软件，可以执行"开始">"所有程序">"Adobe">"Adobe Animate 2022"命令，如图1-8所示。显示Animate 2022的启动界面，如图1-9所示。

图1-8 Animate 2022的程序菜单   图1-9 Animate 2022的启动界面

02 → 待Animate 2022软件初始化完成后，即可进入其工作界面，如图1-10所示。

图1-10 Animate 2022的工作界面

03 → 如果要退出Animate 2022，可以单击软件工作界面右上角的"关闭"按钮 X ，如图1-11所示，或者是执行"文件">"退出"命令，如图1-12所示，都可以退出软件并关闭软件窗口。

单击该按钮，可以关闭所有打开的文件，并关闭软件窗口

图1-11 单击"关闭"按钮

执行该命令，同样可以关闭软件窗口，并同时关闭所有打开的文件

图1-12 执行"退出"命令

案例3 新建和保存Animate文件

Animate 2022提供了多样化的新建文件的方法，不仅方便用户使用，而且可以提高工作效率。本案例的目的是让读者掌握新建和保存Animate文件的方法。图1-13为新建和保存Animate文件的流程图。

教学视频

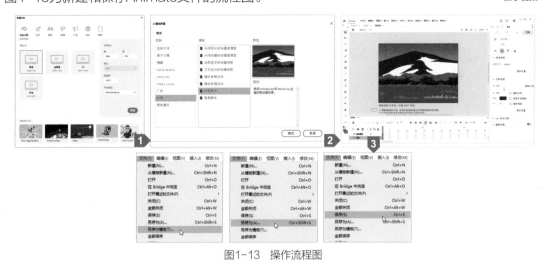

图1-13 操作流程图

案例 重点

- 掌握新建空白Animate文件的方法
- 掌握多种保存Animate文件的方法
- 掌握新建Animate模板的方法
- 掌握将Animate文件保存为模板的方法

案例 步骤

01 → 如果需要新建空白的Animate文件，执行"文件">"新建"命令，弹出"新建文档"对话框，在该对话框中单击"角色动画"选项卡，如图1-14所示。选择相应的文件类型或设置文件尺寸后，单击"创建"按钮，即可新建一个空白文件，如图1-15所示。

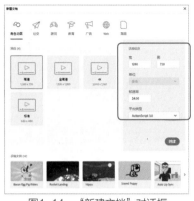

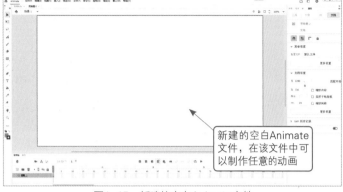

图1-14　"新建文档"对话框

图1-15　新建的空白Animate文件

● 在"新建文档"对话框的"平台类型"下拉列表中提供了ActionScript 3.0和HTML5 Canvas两种文件类型。

● 在Animate 2022的空白界面中可以通过单击快速区域中的"新建"按钮快速打开"新建文档"对话框。

02 → 如果需要新建Animate模板文件,可以在"新建文档"对话框中单击打开"示例文件"区中的文件,还可以执行"文件">"从模板新建"命令,在弹出的"从模板新建"对话框中选择合适的"类别"后,再在对应的"模板"列表框中选择一个模板文件,如图1-16所示。单击"确定"按钮,即可新建Animate模板文件,如图1-17所示。

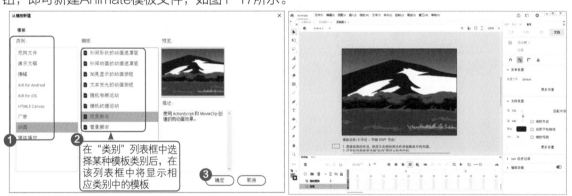

图1-16　"从模板新建"对话框

图1-17　新建Animate模板文件

03 → 完成Animate文件制作后,如果想要覆盖之前的Animate文件,只需要执行"文件">"保存"命令,如图1-18所示,即可保存该文件,并覆盖相同文件名的文件。如果要将文件压缩、保存到不同的位置,或对其名称进行重新命名,可以执行"文件">"另存为"命令,如图1-19所示。

提示

执行"文件">"保存"命令保存文件时,Animate会进行一次快速保存,将信息追加到现有文件中。执行"文件">"另存为"命令保存文件时,Animate会将新信息安排到文件中,并创建一个更小的文件。

04 → 弹出"另存为"对话框,在该对话框中对相关选项进行设置,如图1-20所示,单击

"保存"按钮，即可完成对Animate文件的保存。还可以将Animate文件另存为模板，执行"文件">"另存为模板"命令即可，如图1-21所示。

图1-18 执行"保存"命令　　图1-19 执行"另存为"命令　　图1-20 "另存为"对话框　　图1-21 执行"另存为模板"命令

05 → 弹出"另存为模板警告"提示对话框，如图1-22所示。单击"另存为模板"按钮，弹出"另存为模板"对话框，如图1-23所示。在该对话框中对相关选项进行设置，单击"保存"按钮，即可将当前Animate文件另存为模板文件。

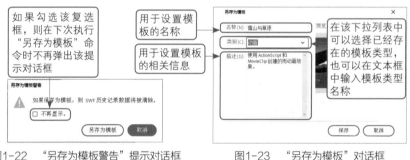

图1-22 "另存为模板警告"提示对话框　　图1-23 "另存为模板"对话框

提示

将Animate文件另存为模板就是指将该文件使用模板中的格式进行保存，以方便用户以后在制作Animate文件时可以直接使用。

提示

在实际操作过程中，为了节省时间，提高工作效率，用户可使用保存快捷键Ctrl+S或另存为快捷键Ctrl+Shift+S，快速保存或另存为一个Animate文件。

知识　拓展

在开始制作Animate动画之前，首先需要新建Animate文件，还需要对文件的相关属性进行设置，在"新建文档"对话框中可以完成，如图1-24所示。如果是已经新建的Animate文件，可以执行"修改">"文档"命令，在弹出的"文档设置"对话框中对相关文件属性进行设置，如图1-25

所示。

- 舞台大小：用于设置当前文件的尺寸。
- 缩放：用于控制舞台上各个元素的放大与缩小。
- 锁定层和隐藏层：用于对图层进行锁定和隐藏操作。默认情况下，该选项为选中状态。
- 单位：用于设置动画尺寸的单位，在该下拉列表中可以选择相应的单位，如图1-26所示。

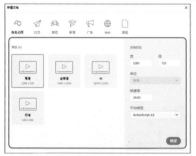

图1-24　"新建文档"对话框

图1-25　"文档设置"对话框

图1-26　"单位"下拉列表

- 舞台颜色：单击该选项右侧的色块□，在弹出的"拾色器"窗口中可以选择动画背景的颜色，如图1-27所示。系统默认的背景颜色为白色。
- 锚记：用于为文件中的帧设置锚点。
- 帧频：在该文本框中可输入每秒要显示的动画帧数。帧数值越大，则播放的速度越快，系统默认的帧频为30帧/秒。
- 匹配内容：单击此按钮，可以快速将舞台大小与当前文件内容的外边界尺寸进行匹配。

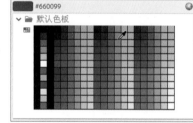

图1-27　"拾色器"窗口

案例4　打开和关闭Animate文件

教学视频

本案例的目的是让读者掌握打开和关闭Animate文件的方法，这些都是Animate文件的基础操作。图1-28为打开和关闭Animate文件的流程图。

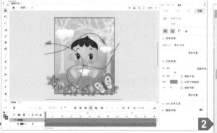

图1-28　操作流程图

案例 **重点**

- 掌握打开Animate文件的方法
- 掌握关闭单个和多个Animate文件的方法
- 掌握打开Animate文件的技巧

案例 **步骤**

01 → 在Animate 2022中打开Animate文件，可以执行"文件">"打开"命令，弹出"打开"对话框，如图1-29所示。在该对话框中选择需要打开的一个或多个文件后，单击"打开"按钮，即可在Animate 2022中打开选择的文件，如图1-30所示。

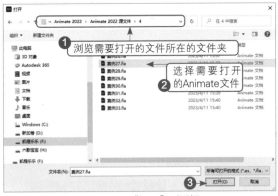
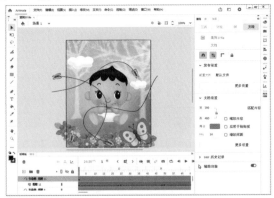

图1-29　"打开"对话框　　　　　　　　　图1-30　打开Animate文件

提示

除了通过使用命令打开文件以外，还可以直接拖曳或按快捷键Ctrl+O打开所需文件。如果需要打开最近打开过的文件，执行"文件">"打开最近的文件"命令，在菜单项中选择相应文件即可。

02 → 执行"文件">"关闭"命令，可以关闭当前文件；执行"文件">"全部关闭"命令，可以关闭所有在Animate 2022中已打开的文件，如图1-31所示。也可以单击文件窗口标题上的"关闭"按钮，如图1-32所示，或者按快捷键Ctrl+W，关闭当前文件。

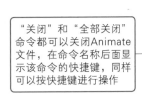

"关闭"和"全部关闭"命令都可以关闭Animate文件，在命令名称后面显示该命令的快捷键，同样可以按快捷键进行操作

图1-31　"关闭"或"全部关闭"命令　　　　　图1-32　关闭当前文件

提示

在关闭文件时，并不会因此而退出Animate，如果既要关闭所有文件又要退出Animate，直接单击软件窗口右上角的"关闭"按钮 ✕ 即可。

案例5　使用模板快速创建Animate动画

在Animate中使用模板创建新的影片文件，就是根据原有的架构对其中可以编辑的元件进行修改、更换或调整，从而能够方便、快速地制作精彩的影片。本案例的目的是让读者掌握使用模板快速创建Animate动画的方法。图1-33为使用模板快速创建Animate动画的流程图。

教学视频

图1-33　操作流程图

案例　重点

- 掌握使用Animate模板的方法
- 掌握测试Animate动画的方法
- 掌握替换Animate位图素材的方法

案例　步骤

01 → 执行"文件">"从模板新建"命令，弹出"从模板新建"对话框，在"类别"列表框中选择"动画"选项，在"模板"列表框中选择"补间形状的动画遮罩层"选项，如图1-34所示。单击"确定"按钮，即可创建该模板动画，效果如图1-35所示。

图1-34　"从模板新建"对话框

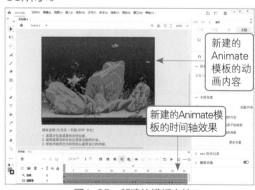

图1-35　新建的模板文件

02 → 执行"窗口">"库"命令，打开"库"面板，如图1-36所示。双击"fishTank.png"图标，即可弹出"位图属性"对话框，如图1-37所示。

此处显示选中素材或元素的预览效果

此处显示在该Animate文件中所有的元素和素材

显示素材名称

显示素材路径地址

图1-36　"库"面板　　　　　　　　　　　　　　　图1-37　"位图属性"对话框

03 → 单击"导入"按钮，在弹出的"导入位图"对话框中选择相应的素材图片，如图1-38所示。单击"打开"按钮，返回到"位图属性"对话框中，勾选"允许平滑"复选框，以平滑素材的边缘，如图1-39所示。

选择需要导入的素材文件

图1-38　"导入位图"对话框　　　　　　　　　　图1-39　勾选"允许平滑"复选框

04 → 单击"确定"按钮，可以看到动画模板的效果，如图1-40所示。执行"文件">"保存"命令，将文件保存为"源文件\第1章\案例5.fla"，按快捷键Ctrl+Enter，即可测试动画效果，如图1-41所示。

替换了Animate动画的背景图像素材，可以看到动画的效果

图1-40　模板效果　　　　　　　　　　　　　　　图1-41　测试动画效果

Animate绘图功能

Animate 2022对绘图功能进行了升级和加强，使其变得更加强大。用户不仅可以创建和修改图形，还能够自由绘制需要的线条和路径，并且进行填充。当用户对绘制的图形效果不太满意时，还可以插入位图进行处理，使设计的效果更加美观。本章将带领读者绘制各式各样的精美图形，详细讲解Animate的绘图功能和技巧。

案例6

椭圆工具：绘制苹果

教学视频

用户使用"椭圆工具"可以创建各种比例的椭圆形，也可以绘制正圆形，操作起来较简单。本案例的目的是让读者掌握"椭圆工具"的使用方法。图2-1为绘制苹果的流程图。

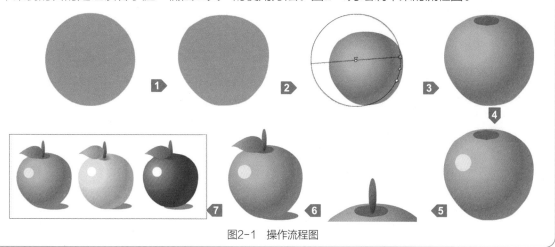

图2-1　操作流程图

案例　重点

- 掌握"椭圆工具"的使用方法
- 掌握渐变颜色的设置方法

案例 步骤

01 → 执行"文件">"新建"命令，弹出"新建文档"对话框，设置如图2-2所示。单击"创建"按钮，新建文件。

02 → 选择"椭圆工具"，设置"填充颜色"为任意颜色，"笔触颜色"为无，按住Shift键拖曳鼠标，在舞台中绘制一个正圆形，如图2-3所示。

图2-2 "新建文档"对话框

图2-3 绘制正圆形

提示

在使用"椭圆工具"绘制图形时，按住Alt键会以单击点为中心进行绘制，按住Shift键可以绘制正圆形，如果同时按住Alt+Shift键，则会以单击点为中心向四周绘制正圆形。

03 → 选择"选择工具"，将光标移动至图形边缘拖曳，即可调整图形的形状，如图2-4所示。

04 → 执行"窗口">"颜色"命令，打开"颜色"面板。选中图形，在"颜色"面板中设置"颜色类型"为"径向渐变"，得到渐变填充的效果，如图2-5所示。

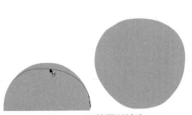

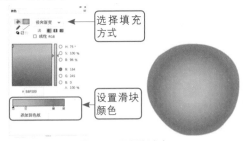

图2-4 调整图形轮廓

图2-5 设置渐变色

05 → 选择"渐变变形工具"，调整图形的渐变中心点和渐变范围，如图2-6所示。

06 → 新建"图层2"，选择"椭圆工具"，设置"填充颜色"为#468901，"笔触颜色"为无，在舞台中绘制椭圆形，如图2-7所示。

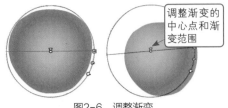

图2-6 调整渐变

图2-7 绘制椭圆形

提示

对于填充完成的渐变效果，用户可以使用"渐变变形工具"调整渐变的范围、角度等，以达到更自然的图形渐变效果。

07 → 新建"图层3"，选择"椭圆工具"，设置"填充颜色"为#FEFD92，在舞台中绘制椭圆形，如图2-8所示。

08 → 新建"图层4"，使用"椭圆工具"在舞台中绘制椭圆形，为该椭圆形填充线性渐变，并使用"渐变变形工具"调整渐变填充效果，如图2-9所示。

09 → 新建"图层5"，使用"钢笔工具"绘制树叶图形，为该图形填充径向渐变，并调整渐变填充效果，如图2-10所示。

10 → 新建"图层6"，选择"椭圆工具"，设置"填充颜色"为#999999，"笔触颜色"为无，在舞台中绘制椭圆形，将"图层6"调整至所有图层下方，如图2-11所示。

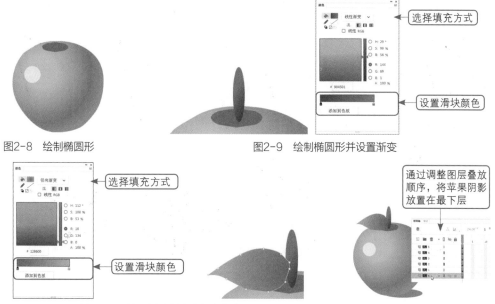

图2-8 绘制椭圆形

图2-9 绘制椭圆形并设置渐变

图2-10 绘制树叶并填充径向渐变

图2-11 绘制阴影图形

11 → 使用相同的绘制方法，绘制其他不同颜色的苹果图形，如图2-12所示。

12 → 执行"文件">"保存"命令，将文件保存为"源文件\第2章\案例6.fla"，按快捷键Ctrl+Enter，测试动画效果，如图2-13所示。

图2-12 绘制其他颜色的苹果

图2-13 测试动画效果

提示

"椭圆工具"和"基本椭圆工具"在使用方法上基本相同，不同的是，使用"椭圆工具"绘制的图形是形状，只能使用编辑工具进行修改；使用"基本椭圆工具"绘制的图形可以在"属性"面板中直接修改其基本属性，在完成绘制基本椭圆后，也可以使用"选择工具"拖曳基本椭圆的控制点，改变其形状。

案例7　线条工具：绘制茄子

教学视频

"线条工具"是用于绘制直线和斜线的几何形状绘制工具，该工具绘制的不封闭的直线和斜线，其由两点确定一条线。本案例的目的是让读者掌握"线条工具"的使用方法。图2-14为绘制茄子的流程图。

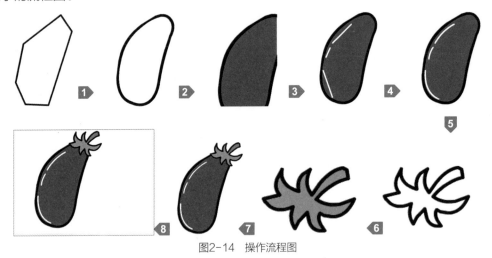

图2-14　操作流程图

案例　重点

- 掌握"线条工具"的使用方法
- 设置"线条"属性
- 调整线条轮廓

案例　步骤

01 → 执行"文件">"新建"命令，弹出"新建文档"对话框，设置如图2-15所示。单击"创建"按钮，新建文件。

02 → 选择"线条工具"，在"属性"面板中设置"笔触颜色"为黑色，"笔触大小"为5，绘制茄子的轮廓，如图2-16所示。

图2-15 "新建文档"对话框

线条只有笔触颜色，没有填充颜色。在"属性"面板中可以设置颜色、样式等

图2-16 绘制茄子轮廓

提示

使用"线条工具"依次绘制，线条会自动连接在一起，从而实现一种封闭的路径效果。用户可以使用"颜料桶工具"为该路径填充颜色。

03 → 选择"选择工具"，将光标移动至线条边缘拖曳鼠标，即可调整形状，使线条更加平滑，如图2-17所示。选择"颜料桶工具"，设置"填充颜色"为#9900CC，在路径中单击填充颜色，如图2-18所示。

04 → 新建"图层2"，选择"线条工具"，在"属性"面板中设置"笔触颜色"为白色，"笔触大小"为5，如图2-19所示。在舞台中拖曳鼠标绘制多条直线，如图2-20所示。使用"选择工具"对刚刚绘制的线条进行调整，如图2-21所示。

图2-17 调整线条轮廓

图2-18 填充颜色

笔触颜色

笔触大小即笔触粗细

图2-19 设置"属性"面板

图2-20 绘制线条

提示

在使用"线条工具"绘制直线时，"线条工具"不支持使用"填充颜色"选项，默认情况下只能对"笔触颜色"进行设置。按住Shift键可以拖曳出水平、垂直或者45°角的直线效果。

05 → 新建"图层3"，选择"钢笔工具"，在"属性"面板中设置"笔触颜色"为黑色，"填充颜色"为无，"笔触大小"为5，如图2-22所示。在舞台中绘制路径，如图2-23所示。

06 → 设置"填充颜色"为#00CC00，选择"颜料桶工具"，在刚刚绘制的路径中单击填充颜色，如图2-24所示。

图2-21　调整线条轮廓　　图2-22　设置"属性"面板　　图2-23　绘制路径图形　　图2-24　填充颜色

07 → 使用"选择工具"选中部分图形，如图2-25所示。设置"填充颜色"为#009900，修改所选图形的颜色，如图2-26所示。

08 → 使用"选择工具"选中叶子图形，将该图形移动至合适的位置，如图2-27所示。

09 → 执行"文件">"保存"命令，将文件保存为"源文件\第2章\案例7.fla"，按快捷键Ctrl+Enter，测试动画效果，如图2-28所示。

图2-25　选中部分图形　　图2-26　更改颜色　　图2-27　调整图形位置　　图2-28　测试动画效果

案例8　基本矩形工具：绘制特殊形状图形

"基本矩形工具"是几何形状绘制工具，用于绘制各种比例的矩形，也可以绘制正方形。本案例的目的是让读者掌握"基本矩形工具"的使用方法。图2-29为绘制特殊形状图形的流程图。

教学视频

图2-29　操作流程图

案例 **重点**

- 掌握"基本矩形工具"的使用方法
- 掌握圆角半径的设置方法
- 掌握位图填充的方法

案例 **步骤**

01 → 执行"文件">"新建"命令,弹出"新建文档"对话框,设置如图2-30所示。单击"创建"按钮,新建文件。

02 → 选择"基本矩形工具",在"属性"面板中设置相关参数,如图2-31所示。在舞台中拖曳鼠标绘制圆角矩形,如图2-32所示。

图2-30 "新建文档"对话框

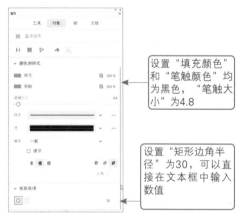

设置"填充颜色"和"笔触颜色"均为黑色,"笔触大小"为4.8

设置"矩形边角半径"为30,可以直接在文本框中输入数值

图2-31 设置"属性"面板

03 → 使用"选择工具"选中刚绘制的圆角矩形在"属性"面板中对"矩形选项"进行设置,如图2-33所示。

图2-32 绘制圆角矩形

① 单击"单个矩形边角半径"按钮

② 分别修改相应的边角半径值

图2-33 设置"矩形选项"

提示

如果想要绘制固定大小的矩形,可以在选择"基本矩形工具"之后,按住Alt键的同时单击舞台区域,就会弹出"矩形设置"对话框,在该对话框中可以设置矩形的宽度、高度、矩形边角的圆角半径,以及是否需要从中心绘制矩形。使用"基本矩形工具"时,按住Shift键拖曳鼠标,即可得到正方形,拖曳时按上下键可以调整圆角半径。

04 → 完成选项的设置后，可以看到舞台中圆角矩形的效果，如图2-34所示。选中该图形，打开"颜色"面板，设置"笔触颜色"为#FF99CC，"颜色类型"为"位图填充"，弹出"导入到库"对话框，选择需要导入的位图，如图2-35所示。

图2-34　调整圆角矩形

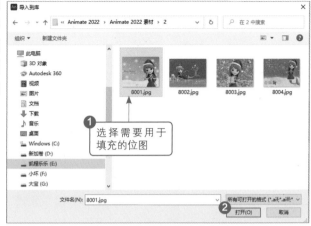

图2-35　选择需要导入的位图

提示

　　"基本矩形工具"与"矩形工具"最大的区别在于圆角的设置。使用"矩形工具"时，当一个矩形已经绘制完成之后，是不能对矩形的4个角设置圆角的，如果想要改变当前矩形4个角的圆角度，则需要重新绘制一个矩形。在使用"基本矩形工具"绘制矩形时，完成矩形绘制之后，可以使用"选择工具"对基本矩形四周的任意点进行拖曳调整。

　　除了使用"选择工具"拖曳控制点更改角半径以外，也可以通过改变"对象"属性面板"矩形选项"中的数值进行调整，包括"矩形边角半径"和"单个矩形边角半径"两个选项，当数值为选中状态时，按键盘上的上方向键或下方向键可以快速调整边角半径。

05 → 单击"打开"按钮，导入位图，"颜色"面板如图2-36所示。完成位图填充的设置，可以看到舞台中图形的效果，如图2-37所示。

图2-36　"颜色"面板

图2-37　图形效果

06 → 使用相同的绘制方法，绘制其他类似图形，如图2-38所示。

07 → 执行"文件">"保存"命令，将文件保存为"源文件\第2章\案例8.fla"，按快捷键Ctrl+Enter，测试动画效果，如图2-39所示。

图2-38 绘制类似的图形

图2-39 测试动画效果

案例9 **多角星形工具：绘制小鸡**

　　"多角星形工具"也是几何形状绘制工具，通过设置所绘制图形的边数、星形顶点数（3～32）和星形顶点的大小，可以创建各种比例的多边形和星形。本案例的目的是让读者掌握"多角星形工具"的使用方法。图2-40为绘制小鸡的流程图。

教学视频

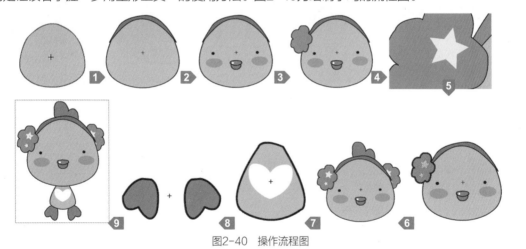

图2-40 操作流程图

案例 **重点**

- 掌握"多角星形工具"的使用方法
- 创建新元件
- 设置"多角星形工具"的属性

案例 **步骤**

　　01 → 执行"文件">"新建"命令，弹出"新建文件"对话框，设置如图2-41所示。单击"创建"按钮，新建文件。

　　02 → 执行"插入">"新建元件"命令，弹出"创建新元件"对话框，新建"名称"为"头部"的"图形"元件，如图2-42所示。

图2-41 "新建文档"对话框

03 → 选择"钢笔工具"，设置"笔触颜色"为#4C0812，在舞台中绘制路径，如图2-43所示。选择"颜料桶工具"，设置"填充颜色"为#F9C82C，在路径中单击填充颜色，如图2-44所示。

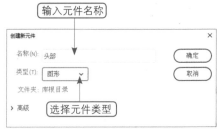

图2-42 "创建新元件"对话框

04 → 新建图层，选择"钢笔工具"，在舞台中绘制路径并填充颜色为#C46191，如图2-45所示。选择"钢笔工具"和"椭圆工具"，完成小鸡表情绘制，如图2-46所示。

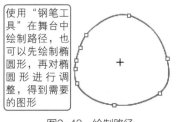

使用"钢笔工具"在舞台中绘制路径，也可以先绘制椭圆形，再对椭圆形进行调整，得到需要的图形

图2-43 绘制路径

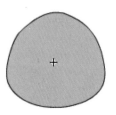

图2-44 填充颜色

图2-45 绘制路径并填色

图2-46 绘制小鸡表情

05 → 新建图层，使用"钢笔工具"在舞台中绘制路径，并对路径填充颜色为#E575A6，如图2-47所示。

06 → 新建图层，选择"多角星形工具"，在"属性"面板中设置"笔触颜色"为无，"填充颜色"为白色，如图2-48所示。单击"属性"面板下方"工具选项"前面的下拉按钮，弹出工具选项设置，设置"样式"为"星形"，"边数"为5，"星形顶点大小"为0.5，如图2-49所示。在舞台中拖曳鼠标即可绘制所设置的多边形或星形，按住Shift键拖曳鼠标，可以绘制正多边形或星形，如图2-50所示。

图2-47 绘制路径并填色

图2-48 设置"属性"面板

图2-49 工具选项设置

图2-50 绘制五角星形

提示

　　"边数"选项用于设置多角星形的边数，直接在文本框中输入一个3～32的数值，即可绘制不同边数的多角星形。"星形顶点大小"选项用于指定星形顶点的深度，在文本框中输入一个0～1的数值，即可绘制不同顶点大小的多角星形，数值越接近0，创建的顶点越尖。

07 → 使用相同的方法，再绘制一个五角星形，按住Shift键的同时单击图形，连续选择多个图形，如图2-51所示。执行"修改">"组合"命令，组合图形，如图2-52所示。

图2-51　选中多个图形　　　　　　　图2-52　组合图形

08 → 复制该组合图形，新建图层，粘贴并移动至合适的位置，再调整图层的叠放顺序，以调整图形叠加效果，如图2-53所示。新建图层，使用"钢笔工具"在舞台中绘制路径，并为路径填充颜色为#E66D5D，调整图层的叠放顺序，如图2-54所示。

图2-53　调整图形　　　　　　　　　图2-54　图形效果

09 → 使用相同的方法，完成小鸡身体和脚的绘制，如图2-55所示。返回"场景1"编辑状态，将"脚"元件从"库"面板拖入舞台中，调整至合适的大小和位置，如图2-56所示。

10 → 使用相同的方法，依次拖入"身体"和"头部"元件，并分别调整至合适的大小和位置，如图2-57所示。

11 → 执行"文件">"保存"命令，将文件保存为"源文件\第2章\案例9.fla"，按快捷键Ctrl+Enter，测试动画效果，如图2-58所示。

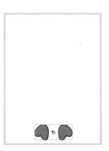

图2-55　绘制其他图形　　图2-56　拖入元件　　图2-57　拖入并调整元件　　图2-58　测试动画效果

案例10 **平滑功能：绘制小黑猫**

教学视频

"平滑"功能用于简化选定的曲线，如绘制一些粗糙的图形时，使用该功能可以让图形更加平滑和精确。本案例的目的是让读者掌握"平滑"功能的运用方法。图2-59为绘制小黑猫的流程图。

图2-59 操作流程图

案例 **重点**

- 运用"平滑"功能
- 使用"添加锚点工具"添加锚点
- 调整图层排列顺序

案例 **步骤**

01 → 执行"文件">"新建"命令，弹出"新建文档"对话框，设置如图2-60所示。单击"创建"按钮，新建文件。

02 → 选择"矩形工具"，设置"笔触颜色"为无，"填充颜色"为#F7C684，在舞台中绘制矩形，如图2-61所示。

图2-60 "新建文档"对话框

图2-61　绘制矩形

03 → 选择"添加锚点工具"，在刚绘制的矩形边缘单击添加锚点，如图2-62所示。选择"部分选取工具"，对添加的锚点分别进行调整，如图2-63所示。使用相同的方法，绘制不同颜色的矩形，并对矩形的形状进行调整，如图2-64所示。

04 → 新建图层，使用"钢笔工具"在舞台中绘制大树的路径，为路径填充颜色为#AB9785，并将路径轮廓删除，如图2-65所示。

通过为基础图形添加锚点，并对锚点进行调整，可以轻松得到更复杂的图形

图2-62　添加锚点

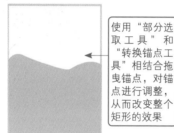

使用"部分选取工具"和"转换锚点工具"相结合拖曳锚点，对锚点进行调整，从而改变整个矩形的效果

图2-63　调整图形

图2-64　绘制图形

图2-65　绘制树干

05 → 新建图层，选择"椭圆工具"，设置"填充颜色"为#F1F28F，"笔触颜色"为无，在舞台中绘制椭圆形，调整图层叠放顺序，如图2-66所示。使用相同的方法，绘制其他图形效果，如图2-67所示。

06 → 执行"插入">"新建元件"命令，弹出"创建新元件"对话框，新建"名称"为"头"的"图形"元件，如图2-68所示。选择"椭圆工具"，设置"填充颜色"为黑色，"笔触颜色"为无，在舞台中绘制椭圆形，如图2-69所示。

将椭圆形所在图层移动至树干所在图层的下方

图2-66　绘制椭圆形

图2-67　绘制大树

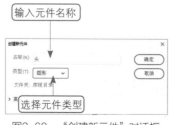

输入元件名称

选择元件类型

图2-68　"创建新元件"对话框

图2-69　绘制椭圆形

提示

在制作Animate动画时，图层的顺序很重要。图层的顺序决定了位于该图层上的对象或元件是覆盖其他图层的内容，还是被其他图层上的内容覆盖。因此改变图层的排列顺序，也就改变了图层上的对象或元件与其他图层中的对象或元件在视觉上的表现形式。

07 → 选择"选择工具"，对刚刚绘制的椭圆形进行调整，如图2-70所示。选中图形，单击"对象"属性面板"形状选项卡"中的"平滑"按钮 ᔒ，使该图形的路径边缘更加平滑，如图2-71所示。

08 → 选择"线条工具"，在舞台中绘制直线。使用"选择工具"将刚绘制的直线调整为曲线，如图2-72所示。使用相同的方法，绘制右侧的图形，使用"颜料桶工具"为刚绘制的路径内容填充黑色，并将路径轮廓删除，如图2-73所示。

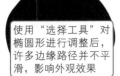

使用"选择工具"对椭圆形进行调整后，许多边缘路径并不平滑，影响外观效果

图2-70 调整图形

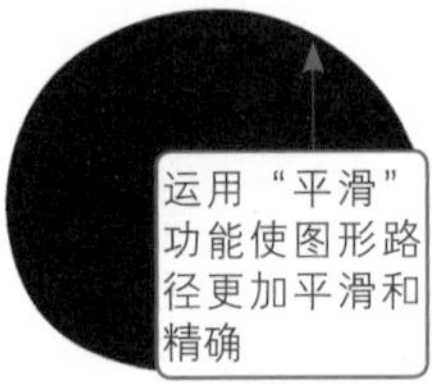

运用"平滑"功能使图形路径更加平滑和精确

图 2-71 平滑路径

使用"选择工具"在所绘制的直线边缘拖曳，即可将直线调整为曲线

图2-72 调整直线

图 2-73 填充颜色

09 → 选择"画笔工具"，设置"填充颜色"为黑色，在舞台中绘制胡须效果，如图2-74所示。新建图层，选择"椭圆工具"，绘制眼睛和鼻子图形，如图2-75所示。

图2-74 绘制胡须

图 2-75 绘制眼睛和鼻子

10 → 执行"插入">"新建元件"命令，弹出"创建新元件"对话框，新建"名称"为"躯干"的"图形"元件，如图2-76所示。选择"钢笔工具"，在舞台中绘制卡通猫的躯干路径，为路径填充黑色，并将路径轮廓删除，如图2-77所示。

输入元件名称 → 名称(N)：躯干

类型(T)：图形

文件夹：库根目录

选择元件类型

> 高级

图2-76 创建新元件

图 2-77 绘制躯干图形

11 → 选择"线条工具"，设置"笔触颜色"为白色，在舞台中绘制线条，使用"选择工具"对线条进行调整，如图2-78所示。新建图层，选择"椭圆工具"，设置"填充颜色"为#008FDC，"笔触颜色"为无，在舞台中绘制椭圆形，如图2-79所示。

图2-78 绘制线条

图 2-79 绘制椭圆形

12 → 返回"场景1"编辑状态，新建图层，分别将"躯干"和"头"元件从"库"面板拖入舞台中，并调整至合适的大小和位置，如图2-80所示。

13 → 执行"文件">"保存"命令，将文件保存为"源文件\第2章\案例10.fla"，按快捷键Ctrl+Enter，测试动画效果，如图2-81所示。

图2-80 拖入元件

图2-81 测试动画效果

提示

在制作卡通类动画时，绘制场景和角色不需要太过精细，只需要抓住图形的主要特点即可，不需要面面俱到。

案例11 钢笔工具：绘制长颈鹿

教学视频

"钢笔工具"属于手绘工具，手动绘制路径可以创建直线或曲线，通过该工具可以绘制很多不规则的图形，也可以调整直线的长短及曲线段的斜率，是一种比较灵活的形状创建工具。本案例的目的是让读者掌握"钢笔工具"的使用方法。图2-82为绘制长颈鹿的流程图。

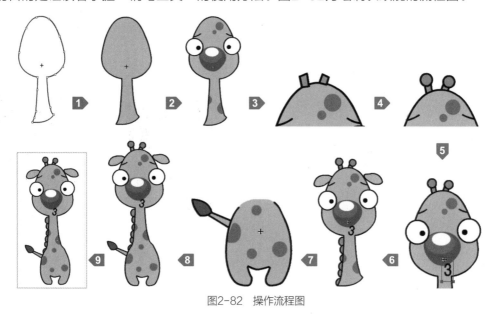
图2-82 操作流程图

案例 重点

● 掌握"钢笔工具"的使用方法
● 掌握"文本工具"的使用方法

案例 步骤

01 → 执行"文件">"新建"命令，弹出"新建文档"对话框，设置如图2-83所示。单击"创建"按钮，新建文件。

02 → 执行"插入">"新建元件"命令，在"创建新元件"对话框中新建"名称"为"头部"的"图形"元件，如图2-84所示。

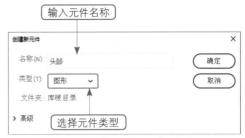

图2-83　"新建文档"对话框　　　　　　　　图2-84　"创建新元件"对话框

03 → 选择"钢笔工具"，设置"笔触颜色"为黑色，"笔触大小"为1，在舞台中绘制长颈鹿的头部和颈部路径，如图2-85所示。选择"颜料桶工具"，为刚绘制的路径填充颜色#FAC826，如图2-86所示。

04 → 新建图层，使用"椭圆工具"绘制图形，并使用"选择工具"进行图形调整，效果如图2-87所示。选择"线条工具"，设置"笔触颜色"为黑色，"笔触大小"为1，绘制线条，使用"选择工具"调整线条的弧度，如图2-88所示。

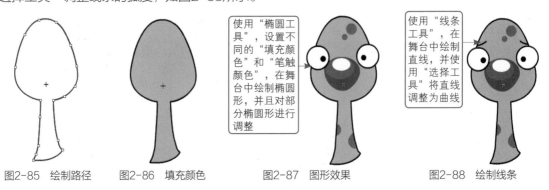

图2-85　绘制路径　　　图2-86　填充颜色　　　图2-87　图形效果　　　图2-88　绘制线条

提示

当使用"钢笔工具"单击并拖曳时，曲线点上会出现延伸出去的切线，这是贝塞尔曲线特有的手柄，拖曳它可以控制曲线的弯曲程度。

05 → 新建图层，使用"钢笔工具"绘制路径，并填充颜色为#7BBD48，如图2-89所示。将该图层调整至所有图层下方，如图2-90所示。

图2-89　绘制图形

图2-90　调整图层

提示

完成路径绘制时除了双击鼠标之外，还有很多方法可以使用。例如，将"钢笔工具"放置到第一个锚点上单击或拖曳可以闭合路径，按住Ctrl键在路径外单击，或者单击工具箱中的其他工具，都可以完成路径的绘制。按住Shift键拖曳鼠标可以将曲线的倾斜角度限制为45°的倍数。

06 → 选择"椭圆工具"，设置"笔触颜色"为黑色，"笔触大小"为1，"填充颜色"为#EE8D31，在舞台中绘制正圆形，如图2-91所示。

07 → 新建图层，选择"文本工具"，在"属性"面板中对文本的相关属性进行设置，包括字体、字体大小和字体颜色等，如图2-92所示。在舞台中单击并输入文字，如图2-93所示。使用"任意变形工具"旋转文本框，如图2-94所示。

提示

选择"文本工具"，在舞台上单击鼠标所创建的文本框中输入文字时，输入框的宽度不固定，它会随着用户输入文本的长度自动扩展。如果需要换行，按Enter键即可。

图2-91　图形效果

图2-92　"属性"面板

图2-93　输入文字

选择"任意变形工具"，将光标移动至调整框4个角的角点上拖曳鼠标，即可对文字进行旋转

图2-94　旋转文本框

08 → 新建图层，使用相同的方法绘制类似图形，如图2-95所示。执行"插入">"新建元件"命令，在"创建新元件"对话框中新建"名称"为"躯干"的"图形"元件，如图2-96所示。

09 → 选择"钢笔工具"，在舞台中绘制路径，为刚绘制的路径填充颜色#FAC826，如图2-97所示。使用"选择工具"单击，选中部分轮廓，如图2-98所示。

10 → 按Delete键，删除选中的轮廓，如图2-99所示。使用"椭圆工具"和"钢笔工具"绘制其他装饰图形，如图2-100所示。

11 → 返回"场景1"编辑状态，将元件拖入舞台中，并调整图层的顺序，完成卡通长颈鹿绘制，如图2-101所示。

输入元件名称

图2-95　图形效果　　　　图2-96　"创建新元件"对话框　　　图2-97　绘制图形　　图2-98　选中部分轮廓

12 → 执行"文件">"保存"命令，将文件保存为"源文件\第2章\案例11.fla"，按快捷键Ctrl+Enter，测试动画效果，如图2-102所示。

分别拖入"头部"和"躯干"元件，并分别调整至合适的大小和位置，注意比例协调

图2-99　删除部分轮廓　　　图2-100　绘制图形　　　　图2-101　拖入元件　　　　图2-102　测试动画效果

案例12　画笔工具：绘制宠物小猫

教学视频

使用"画笔工具"可以绘制类似钢笔、毛笔和水彩笔的封闭形状，也可以制作书法等效果。"画笔工具"的使用方法很简单，只需要单击工具箱中的"画笔工具"按钮，在舞台中任意位置单击，将鼠标拖曳至合适的位置后，释放鼠标按键即可完成图形绘制。本案例的目的是让读者掌握"画笔工具"的使用方法。图2-103为绘制宠物小猫的流程图。

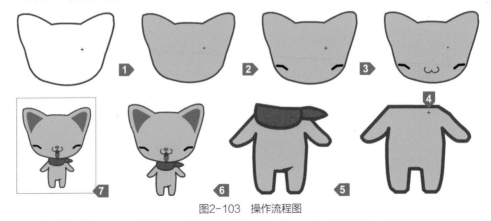

图2-103　操作流程图

● 掌握"画笔工具"的使用方法　　● 掌握"钢笔工具"的使用方法

01 → 执行"文件">"新建"命令，弹出"新建文档"对话框，设置如图2-104所示。单击"创建"按钮，新建文件。

02 → 新建"名称"为"头部"的"图形"元件，如图2-105所示。

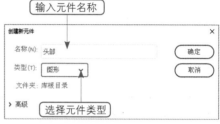

图2-104　"新建文档"对话框　　　　　　　　　图2-105　"创建新元件"对话框

03 → 选择"钢笔工具"，设置"笔触颜色"为#BF0000，绘制图形路径，如图2-106所示。选择"颜料桶工具"，为刚绘制的轮廓路径填充颜色#FFC7E6，如图2-107所示。

04 → 新建图层，使用"钢笔工具"绘制图形，如图2-108所示。选择"画笔工具"，设置"填充颜色"为#BF0000，在舞台中拖曳鼠标绘制图形，如图2-109所示。

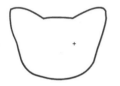

图2-106　绘制轮廓路径　　　图2-107　填充颜色　　　图2-108　绘制图形1　　　图2-109　绘制图形2

提示

在Animate中，"画笔工具"和"铅笔工具"绘制图形的方法非常相似，不同的是，使用"画笔工具"绘制的是一个封闭的填充形状，可以设置它的填充颜色，而使用"铅笔工具"绘制的则是笔触。

提示

在Animate中，提供了一系列大小不同的画笔尺寸，单击工具箱中的"画笔工具"按钮 ✔ 后，在工具箱的底部就会出现附属工具选项区，可以快速设置绘制时的"画笔模式""使用压力"和"使用倾斜"等。在"属性"面板中还可以设置"样式""宽"和"缩放"等。

05 → 使用相同的方法，使用"椭圆工具"和"钢笔工具"绘制其他图形，如图2-110所示。

06 → 执行"插入"＞"新建元件"命令，在"创建新元件"对话框中新建"名称"为"身体"的"图形"元件，如图2-111所示。选择"钢笔工具"，绘制小猫身体轮廓，并填充颜色，如图2-112所示。

图2-110　绘制图形

图2-111　"创建新元件"对话框

07 → 使用相同的方法，绘制围巾的图形效果，如图2-113所示。

08 → 返回"场景1"编辑状态，将元件拖入场景中，并分别调整至合适的位置，如图2-114所示。

09 → 执行"文件"＞"保存"命令，将文件保存为"源文件\第2章\案例12.fla"，按快捷键Ctrl+Enter，测试动画效果，如图2-115所示。

分别拖入"头部"和"身体"元件，并调整至合适的大小和位置，注意比例协调

图2-112　绘制图形1　　　图2-113　绘制图形2　　　图2-114　拖入元件　　　图2-115　测试动画效果

案例13　图形的透明度：绘制光芒背景图

通过对图形透明度的设置，可以实现许多效果，例如高光、高亮等，并且能够更好地体现图形的层次感。本案例的目的是让读者掌握图形的透明度设置。图2-116为绘制光芒背景的流程图。

教学视频

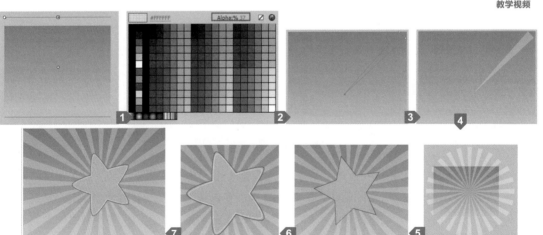

图2-116　操作流程图

案例　重点

- 了解Alpha设置
- 掌握图形的旋转并复制

案例　步骤

01 → 执行"文件">"新建"命令，弹出"新建文档"对话框，设置如图2-117所示。单击"创建"按钮，新建文件。

02 → 使用"矩形工具"，在舞台中绘制一个矩形，打开"颜色"面板，设置渐变颜色，如图2-118所示。选择"渐变变形工具"，调整渐变的角度和方向，如图2-119所示。

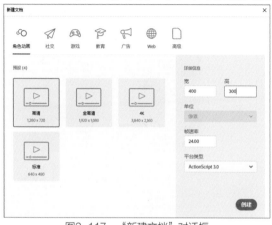

图2-117　"新建文档"对话框

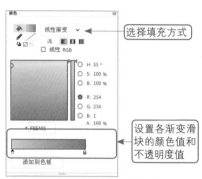

选择填充方式

设置各渐变滑块的颜色值和不透明度值

图2-118　设置"颜色"面板

03 → 新建"图层2"，使用"钢笔工具"在舞台中绘制三角形路径，如图2-120所示。

使用"渐变变形工具"在填充渐变颜色的图形上单击，可以显示渐变调整框，然后可以对渐变填充效果进行调整

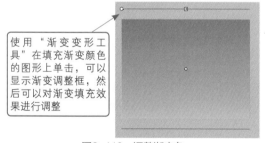

图2-119　调整渐变色

图2-120　绘制三角形路径

04 → 选中该三角形路径，打开"颜色"面板，设置"填充颜色"为37% Alpha值的白色，如图2-121所示。选择"油漆桶工具"，在三角形路径中单击填充颜色，将三角形路径轮廓删除，如图2-122所示。

Alpha的数值范围为0%～100%。0%表示完全透明，100%表示完全不透明

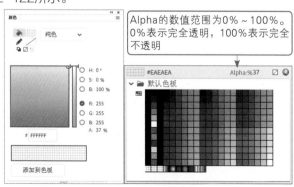

图2-121　设置颜色的不透明度

图2-122　填充颜色

提示

Alpha选项用于处理图形颜色的不透明度，在Alpha文本框中输入数值来指定透明的程度，当Alpha值为0%时，创建的填充是颜色不可见，即完全透明；当Alpha值为100%时，则创建的填充是完全不透明的。

05 → 执行"修改">"转换为元件"命令，弹出"转换为元件"对话框，设置如图2-123所示。单击"确定"按钮，将该图形转换为元件，并将其调整至合适的大小和位置，如图2-124所示。

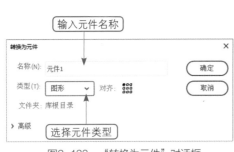

图2-123 "转换为元件"对话框

图2-124 调整大小和位置

06 → 使用"任意变形工具"调整元件的中心点位置，如图2-125所示。打开"变形"面板，设置元件的旋转角度，如图2-126所示。

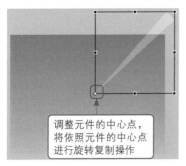

图2-125 调整元件中心点

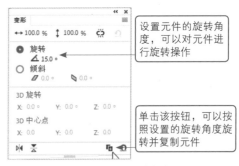

图2-126 设置旋转角度

07 → 单击"复制选区和变形"按钮，可以对该元件进行旋转并复制操作，多次单击该按钮，得到图形，如图2-127所示。选择"多角星形工具"，在"属性"面板中对各项参数进行设置，如图2-128所示。

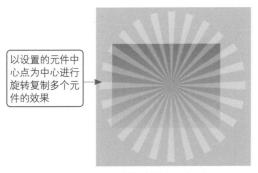

图2-127 旋转复制多个三角形

图2-128 设置"多角星形工具"属性

08 → 新建"图层3"，在舞台中拖曳鼠标绘制五角星形，如图2-129所示。使用"选择工具"对绘制的五角星形进行调整，如图2-130所示。

09 → 新建"图层4"，使用相同的方法，在舞台中绘制一个"笔触颜色"为白色的五角星形，如图2-131所示。

10 → 执行"文件">"保存"命令，将文件保存为"源文件\第2章\案例13.fla"，按快捷键Ctrl+Enter，测试动画效果，如图2-132所示。

使用"选择工具"将光标移动至路径的边缘位置，拖曳鼠标即可调整图形的形状

图2-129　绘制五角星形　　　图2-130　调整图形　　　图2-131　绘制五角星形　　　图2-132　测试动画效果

案例14　填充和笔触：绘制个性酷哥形象

在Animate中图形的颜色是由笔触和填充组成的，这两种属性决定矢量图形的轮廓和整体颜色。使用工具箱或者"属性"面板中的"笔触颜色"和"填充颜色"都可以更改笔触和填充的样式及颜色。本案例的目的是让读者掌握"笔触颜色"和"填充颜色"的应用。图2-133为绘制个性酷哥的流程图。

教学视频

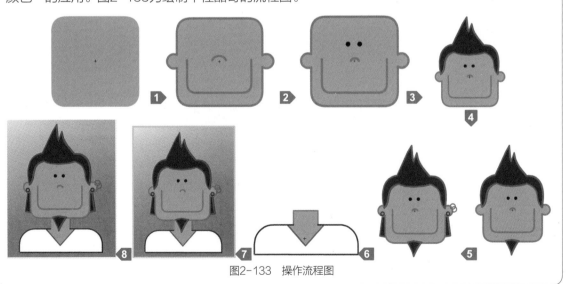

图2-133　操作流程图

案例　**重点**

● 掌握"墨水瓶工具"的使用方法　　　　● 掌握"笔触颜色"和"填充颜色"的设置方法

案例 步骤

01 → 执行"文件">"新建"命令，弹出"新建文档"对话框，设置如图2-134所示。单击"创建"按钮，新建文件。

02 → 执行"插入">"新建元件"命令，在"创建新元件"对话框中新建"名称"为"脸型"的"图形"元件，如图2-135所示。

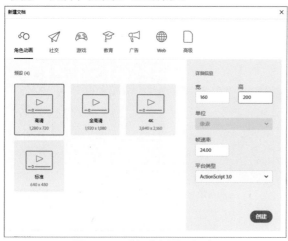

图2-134 "新建文档"对话框   图2-135 "创建新元件"对话框

03 → 选择"矩形工具"，在"属性"面板中对相关属性进行设置，如图2-136所示。在舞台中拖曳鼠标绘制圆角矩形，如图2-137所示。

04 → 选择"椭圆工具"，设置"笔触颜色"为无，"填充颜色"为#D3B398，在舞台中绘制两个正圆形，如图2-138所示。选择"墨水瓶工具"，在"属性"面板中设置"笔触颜色"为#AE8B71，"笔触大小"为1.55，如图2-139所示。使用"墨水瓶工具"在图形边缘单击，为图形添加轮廓，如图2-140所示。

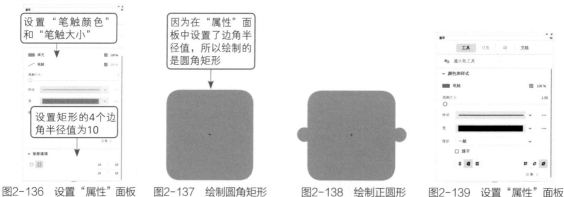

图2-136 设置"属性"面板   图2-137 绘制圆角矩形   图2-138 绘制正圆形   图2-139 设置"属性"面板

提示

工具箱与"属性"面板中的"笔触颜色"和"填充颜色"使用方法相似，不同的是"属性"面板除了能为图形创建笔触和填充颜色外，还提供了设置"笔触大小"和"样式"的系列选项。

提示

使用"墨水瓶工具"也可以改变线框的属性，如果一次要改变多条线段，可按住Shift键将它们依次选中，再使用"墨水瓶工具"点选其中的任意一条线段即可。

05 → 新建"图层2"，选择"矩形工具"，设置"填充颜色"为无，"笔触颜色"为#AE8B71，在舞台中合适的位置绘制圆角矩形，如图2-141所示。

06 → 将"图层1"锁定，选择"选择工具"，拖曳鼠标，选中刚绘制的圆角矩形上半部分，按Delete键删除选中图形，如图2-142所示。使用"线条工具"在舞台中绘制直线，并使用"选择工具"将其调整为曲线，如图2-143所示。

  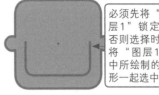

图2-140 添加轮廓　　图2-141 绘制圆角矩形　　图2-142 删除矩形部分图形　　图2-143 绘制并调整线条

07 → 选择"椭圆工具"，设置"填充颜色"为#42280D，"笔触颜色"为无，在舞台中绘制眼睛图形，如图2-144所示。

08 → 新建"图层3"，选择"线条工具"，设置"笔触颜色"为#FB0F0C，在舞台中绘制直线，并使用"选择工具"将其调整为曲线，如图2-145所示。在舞台中绘制多条线条并分别进行调整，完成头发的轮廓绘制，如图2-146所示。设置"填充颜色"为#891009，使用"颜料桶工具"为路径填充颜色，如图2-147所示。

  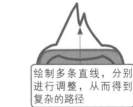 

图2-144 绘制眼睛图形　　图2-145 绘制并调整直线　　图2-146 绘制线条　　图2-147 填充颜色

09 → 新建"图层4"，使用相同的方法，完成人物胡子图形绘制，如图2-148所示。

10 → 新建"图层5"，绘制相似的图形，并将该图层调整至"图层1"下方，如图2-149所示。

图2-148 绘制图形　　图2-149 绘制图形并调整图层

11 → 新建"图层6"，使用"椭圆工具"在舞台中绘制相应的图形，如图2-150所示。新建"名称"为"身体"的"图形"元件，如图2-151所示。

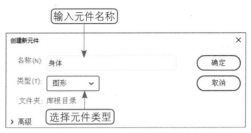

图2-150　绘制图形　　　　　　　　　　　图2-151　"创建新元件"对话框

12 → 选择"矩形工具"，在"属性"面板中对相关属性进行设置，如图2-152所示。在舞台中拖曳鼠标绘制圆角矩形，如图2-153所示。

13 → 选择"选择工具"，在舞台中空白位置拖曳鼠标框选圆角矩形下半部分，如图2-154所示。按Delete键将该部分图形删除，如图2-155所示。

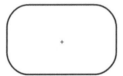

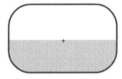

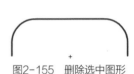

图2-152　设置"属性"面板　　图2-153　绘制圆角矩形　　图2-154　选中部分图形　　图2-155　删除选中图形

14 → 选择"墨水瓶工具"，设置"笔触颜色"为#891009，在图形下边缘处单击添加轮廓，如图2-156所示。

15 → 新建图层，选择"线条工具"，绘制人物脖子图形，如图2-157所示。使用"选择工具"选中部分轮廓，设置"笔触颜色"为#FF0000，如图2-158所示。

16 → 返回"场景1"编辑状态，选择"矩形工具"，在"颜色"面板中设置"颜色类型"为"线性渐变"，如图2-159所示。在舞台中绘制矩形，如图2-160所示。

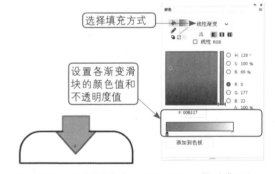

图2-156　添加轮廓　　　　图2-157　绘制图形　　　　图2-158　更改线条颜色　　图2-159　"颜色"面板

17 → 新建图层，依次将"脸型"和"身体"元件拖入舞台中，如图2-161所示。

18 → 执行"文件">"保存"命令，将文件保存为"源文件\第2章\案例14.fla"，按快捷键Ctrl+Enter，测试动画效果，如图2-162所示。

填充渐变颜色，并使用"渐变变形工具"调整渐变颜色的填充效果

图2-160　绘制矩形

图2-161　拖入元件

图2-162　测试动画效果

案例15　定义元件：绘制卡通心形

教学视频

　　本案例的目的是让读者掌握定义元件的方法，再将定义的元件拖曳至场景中制作炫丽的效果。图2-163为绘制卡通心形的流程图。

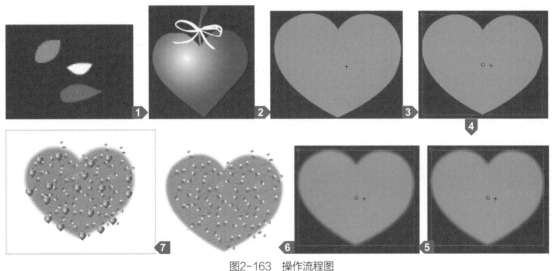

图2-163　操作流程图

案例　重点

● 掌握"钢笔工具"的使用方法
● 使用"转换为元件"命令
● 设置"模糊"滤镜

案例　步骤

01 → 执行"文件">"新建"命令，弹出"新建文档"对话框，设置如图2-164所示。单击"创建"按钮，新建文件。

02 → 执行"插入">"新建元件"命令，在"创建新元件"对话框中新建"名称"为"花瓣"的"图形"元件，如图2-165所示。选择"钢笔工具"，绘制花瓣图形，并填充颜色，如图2-166所示。

图2-164 "新建文档"对话框

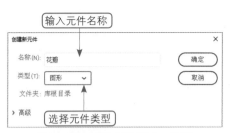

输入元件名称

选择元件类型

图2-165 "创建新元件"对话框

图2-166 绘制花瓣图形

03 → 执行"插入">"新建元件"命令，在"创建新元件"对话框中新建"名称"为"果实"的"图形"元件，如图2-167所示。使用绘图工具绘制果实图形，效果如图2-168所示。

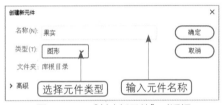

选择元件类型　输入元件名称

图2-167 "创建新元件"对话框

图2-168 绘制果实图形

04 → 新建"名称"为"心"的"影片剪辑"元件，如图2-169所示。选择"钢笔工具"，在舞台中绘制心形，如图2-170所示。

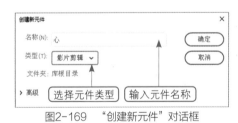

选择元件类型　输入元件名称

图2-169 "创建新元件"对话框

图2-170 绘制心形图形

05 → 执行"修改">"转换为元件"命令，弹出"转换为元件"对话框，设置如图2-171所示。单击"确定"按钮，将该图形转换为元件，如图2-172所示。

需要将图形转换为影片剪辑元件，才能为其添加"模糊"滤镜

选择元件类型　输入元件名称

图2-171 "转换为元件"对话框

图2-172 转换为元件

06 → 选中该元件，打开"属性"面板，如图2-173所示。单击"添加滤镜"按钮，在弹出的菜单中选择"模糊"命令，如图2-174所示。为元件添加"模糊"滤镜，对相关参数进行设置，如图2-175所示。完成"模糊"滤镜选项的设置，可以看到元件的效果，如图2-176所示。

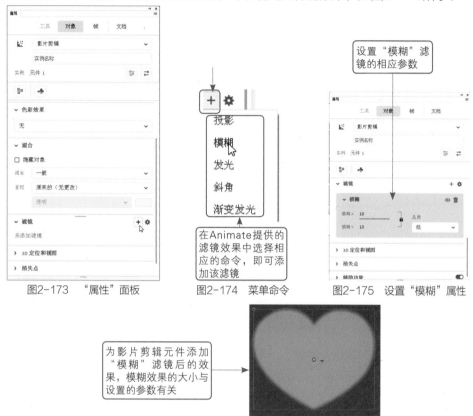

图2-173 "属性"面板 　图2-174 菜单命令 　图2-175 设置"模糊"属性

为影片剪辑元件添加"模糊"滤镜后的效果，模糊效果的大小与设置的参数有关

图2-176 元件效果

提示

用户可以在x轴方向和y轴方向设置模糊的程度，设置时可以输入0～255的任意整数值。如果输入值为最大值，原对象会消失，而变成与原对象颜色相近的颜色块。

07 → 返回"场景1"编辑状态，将"心"元件从"库"面板拖入舞台中，并调整其大小和位置，如图2-177所示。

08 → 从"库"面板中将元件拖曳至模糊心形上，再使用"铅笔工具"绘制绿色线条作为修饰，如图2-178所示。

拖入元件以及绘制绿色线条作为修饰

图2-177 拖入元件 　　　　图2-178 填充图案

09 → 将"果实"元件从"库"面板中拖入舞台中，将该元件复制多个，如图2-179所示。

10 → 执行"文件">"保存"命令，将文件保存为"源文件\第2章\案例15.fla"，按快捷键Ctrl+Enter，测试动画效果，如图2-180所示。

图2-179　场景效果

图2-180　测试动画效果

第3章

制作基础动画

本章主要讲解制作动画的过程和步骤，并介绍制作动画的基本操作方法和技巧。每种类型的动画都拥有其本身的特点，读者可以根据制作的动画类型的不同选择合适的制作方法。本章只是学习动画制作的开始，学好本章的内容，可以为以后制作更加复杂的动画打下坚实的基础。

案例16　逐帧动画：制作基本逐帧动画

逐帧动画最大的特点在于每一帧都可以改变场景中的内容，非常适合在每一帧中都有变化而不仅仅只在场景中移动的较为复杂的动画制作。本案例的目的是让读者掌握制作逐帧动画的方法和技巧。图3-1为制作基本逐帧动画的流程图。

教学视频

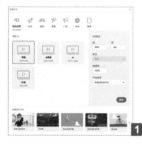

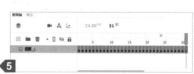

图3-1　操作流程图

案例　重点

- 了解逐帧动画的特点
- 掌握制作逐帧动画的方法

案例 步骤

01 → 执行"文件" > "新建"命令，弹出"新建文档"对话框，对相关选项进行设置，如图3-2所示。单击"创建"按钮，新建文件。

02 → 执行"文件" > "导入" > "导入到舞台"命令，弹出"导入"对话框，找到素材图像所在的文件夹，选择需要导入的图像，如图3-3所示。

图3-2 "新建文档"对话框

图3-3 "导入"对话框

03 → 单击"打开"按钮，系统弹出提示对话框，提示是否要导入图像序列，如图3-4所示。单击"是"按钮，即可导入该图像序列，并且可以看到导入的图像效果，如图3-5所示。

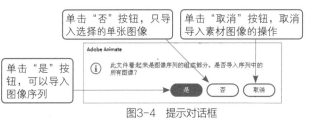

图3-4 提示对话框

图3-5 导入素材

04 → 导入图像序列中的图像都会在"时间轴"面板中自动生成一个关键帧，如图3-6所示。

05 → 完成逐帧动画制作，执行"文件" > "保存"命令，将文件保存为"源文件\第3章\实例16.fla"，按快捷键Ctrl+Enter，测试动画效果，如图3-7所示。

图3-6 "时间轴"面板

图3-7 测试动画效果

提示

　　在时间轴上逐帧绘制帧内容称为逐帧动画，由于是一帧一帧地绘制，所以逐帧动画具有非常大的灵活性，几乎可以表现任何想表现的内容。

案例17 导入图像序列：制作光影逐帧动画

逐帧动画是将一些差别很小的图形和文字放置在一系列关键帧中，从而使其播放起来像是一系列连续变化的动画效果。其利用人的视觉暂留现象，看起来像是运动的画面，实际上只是一系列静止的图像。本案例的目的是让读者掌握导入图像序列的方法。图3-8为制作光影逐帧动画的流程图。

教学视频

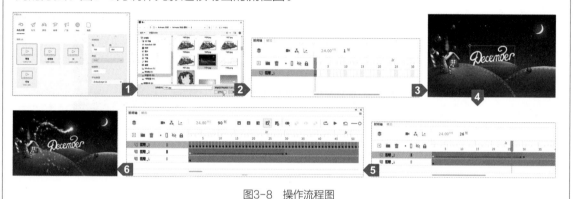

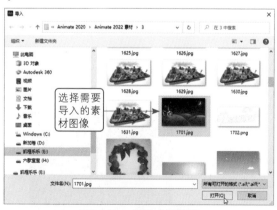

图3-8 操作流程图

案例 重点

- 掌握导入图像序列的方法
- 掌握将图像转换为元件的方法
- 了解传统补间动画

案例 步骤

01 → 执行"文件">"新建"命令，弹出"新建文档"对话框，设置如图3-9所示。单击"创建"按钮，新建文件。

02 → 执行"文件">"导入">"导入到舞台"命令，弹出"导入"对话框，找到素材图像所在的文件夹，选择需要导入的图像，如图3-10所示。

图3-9 "新建文档"对话框

图3-10 "导入"对话框

03 → 单击"打开"按钮，导入所选择的素材图像，如图3-11所示。"时间轴"面板如图3-12所示。

图3-11　导入素材

图3-12　"时间轴"面板

04 → 在第90帧按F5键插入帧，如图3-13所示。新建"图层2"，执行"文件">"导入">"导入到舞台"命令，导入素材图像"素材\第3章\1702.png"，如图3-14所示。

按F5键起到延续帧的作用。例如，在第1帧插入一个关键帧，想把它延长到第10帧，就可以在第10帧按F5键，也就是把第1帧的内容延长至第10帧

图3-13　"时间轴"面板

导入素材图像并调整至合适的位置

图3-14　导入图像

提 示

帧又分为"普通帧"和"过渡帧"，在制作影片的过程中，经常在一个含有背景图像的关键帧后面添加一些普通帧，使背景延续一段时间，在起始关键帧和结束关键帧之间的所有帧被称为"过渡帧"。

过渡帧是动画实现的详细过程，它能体现动画的变化过程，当鼠标单击过渡帧时，在舞台中可以预览这一帧的动画情况，过渡帧的画面由计算机自动生成，无法进行编辑操作。

05 → 选中图像并右击，在弹出的快捷菜单中选择"转换为元件"命令，弹出"转换为元件"对话框，设置如图3-15所示。单击"确定"按钮，将其转换为元件并调整至合适的位置，如图3-16所示。

转换成"名称"为"圣诞"的图形元件

图3-15　"转换为元件"对话框

图3-16　场景效果

06 → 在第30帧按F6键插入关键帧，选择第1帧上的元件，设置元件的Alpha值为15%，如图3-17所示。在第1帧创建传统补间动画，"时间轴"面板如图3-18所示。

Alpha属性为元件的属性，用于设置元件的不透明度，Alpha值为0%时，表示元件完全透明

图3-17　元件效果

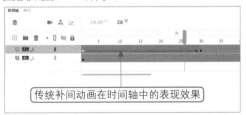

传统补间动画在时间轴中的表现效果

图3-18　"时间轴"面板

07 → 新建"图层3"，导入素材图像"素材\第3章\h1701.png"，弹出提示对话框，如图3-19所示。单击"是"按钮，即可导入图像序列，"时间轴"面板如图3-20所示。

图3-19　提示对话框

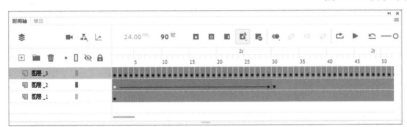

图3-20　"时间轴"面板

08 → 完成逐帧动画制作，执行"文件">"保存"命令，将文件保存为"源文件\第3章\案例17.fla"，按快捷键Ctrl+Enter，测试动画效果，如图3-21所示。

图3-21　测试动画效果

案例18　逐帧动画：制作倒计时动画

　　创建逐帧动画时需要将每一帧都定义为关键帧，然后为每个帧创建不同的图像。由于每个新建的关键帧最初包含的内容与其之前的关键帧是相同的，因此可以递增地修改动画中的帧。本案例制作一个倒计时动画，通过逐帧动画实现整个动画效果。图3-22为制作倒计时动画的流程图。

教学视频

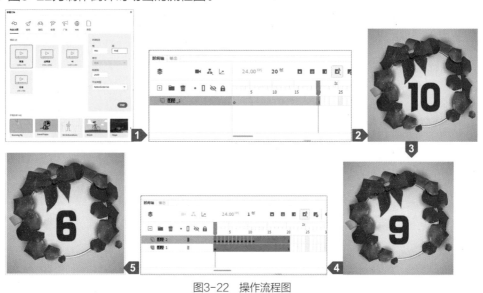

图3-22　操作流程图

案例　重点

- 理解逐帧动画
- 掌握逐帧动画的制作方法
- 设置文字属性

案例　步骤

01 → 执行"文件">"新建"命令，弹出"新建文档"对话框，设置如图3-23所示。单击"创建"按钮，新建文件。

02 → 执行"文件">"导入">"导入到舞台"命令，弹出"导入"对话框，找到素材图像所在的文件夹，选择需要导入的图像，如图3-24所示。

图3-23　"新建文档"对话框

图3-24　"导入"对话框

　　动画播放的速度可以通过修改帧频进行调整，也可以通过调整关键帧的长度控制动画播放的速度，当然逐帧动画还是通过帧频调整比较好。

03 → 单击"打开"按钮，将选择的素材图像导入舞台中，如图3-25所示。"时间轴"面板如图3-26所示。

04 → 在第20帧按F5键插入帧，如图3-27所示。新建"图层2"，选择"文本工具"，打开"属性"面板，设置文本字体、颜色和大小等属性，如图3-28所示。

图3-25　导入图像

图3-26　"时间轴"面板

图3-27　插入帧

图3-28　"属性"面板

05 → 将光标移动至舞台区合适位置后绘制文本框，在文本框中输入文字，如图3-29所示。分别在第2帧至第11帧按F6键插入关键帧，如图3-30所示。

图3-29　输入文字

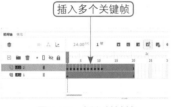
图3-30　插入关键帧

在场景中输入数字10

插入多个关键帧

　　在制作逐帧动画时，要使一些图形或图像的位置对齐，可以通过设置"属性"面板上的X和Y值进行调整。

06 → 分别修改每个关键帧上的数值，如图3-31所示。完成动画制作，执行"文件">"保存"命令，将文件保存为"源文件\第3章\案例18.fla"，按快捷键Ctrl+Enter，测试动画效果，如图3-32所示。

修改第2个关键帧上的数字为9，以此类推，修改剩下的关键帧数字

图3-31　修改关键帧数值

图3-32　测试动画效果

知识　拓展

　　关键帧是Animate动画的变化之处，是定义动画的关键元素，通常包含任意数量的元件和图形等对象。用户在关键帧中可以定义对动画的对象属性所做的更改，该帧的对象与前后的对象属性均不相同。

　　关键帧中可以包含形状剪辑、组等多种类型的元素，但过渡帧中的对象只能是剪辑(影片剪辑、

图层剪辑、按钮)或独立形状。两个关键帧的中间可以没有过渡帧，但过渡帧前后肯定有关键帧，因为过渡帧附属于关键帧，可以修改关键帧的内容，但无法修改过渡帧的内容。

当新建一个图层时，图层的第1帧默认为一个空白关键帧，即一个黑色轮廓的圆圈，当向该图层添加内容后，这个空心圆圈将变为一个实心圆圈，该帧即为关键帧。

案例19　补间形状动画：制作晃动的阳光动画

补间形状动画是由一个图形到另一个图形间的变化过程。本案例的目的是让读者掌握补间形状动画的制作方法。图3-33为制作晃动的阳光动画的流程图。

教学视频

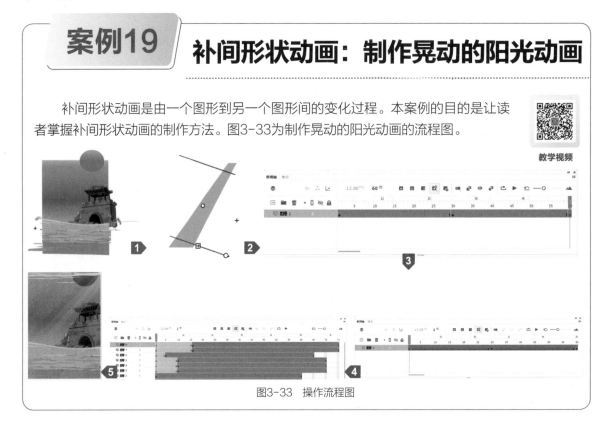

图3-33　操作流程图

案例　重点

● 掌握创建补间形状动画的方法

● 了解补间形状动画的特点

案例　步骤

01 → 执行"文件">"新建"命令，弹出"新建文档"对话框，设置如图3-34所示。新建文件后，执行"插入">"新建元件"命令，弹出"创建新元件"对话框，设置如图3-35所示。

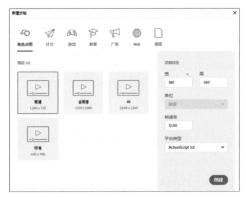

图3-34　"新建文档"对话框

新建"名称"为"背景"的图形元件

图3-35　"创建新元件"对话框

02 → 执行"文件">"导入">"导入到舞台"命令，导入素材图像"素材\第3章\1901.png"，新建图层并绘制太阳，如图3-36所示。新建"名称"为"云彩"的"图形"元件，绘制云彩图形，如图3-37所示。

03 → 新建"名称"为"阳光"的"影片剪辑"元件，如图3-38所示。使用"钢笔工具"在舞台中绘制路径并填充颜色，如图3-39所示。

根据前面一章所学的知识，运用绘图工具绘制该图形

新建"名称"为"阳光"的影片剪辑元件

| 图3-36 绘制图形1 | 图3-37 绘制图形2 | 图3-38 "创建新元件"对话框 | 图3-39 绘制图形 |

04 → 选中刚绘制的图形，打开"颜色"面板，设置从#E1C084到#E9BF74的线性渐变，如图3-40所示。使用"渐变变形工具"调整渐变效果，如图3-41所示。

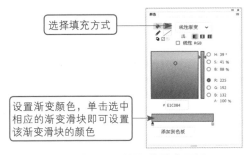

选择填充方式

设置渐变颜色，单击选中相应的渐变滑块即可设置该渐变滑块的颜色

图3-40 设置"颜色"面板

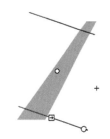

图3-41 调整渐变效果

05 → 分别在第30帧和第60帧按F6键插入关键帧，如图3-42所示。选择第1帧上的图形，打开"颜色"面板，分别设置两个渐变滑块的Alpha值为0%，如图3-43所示。

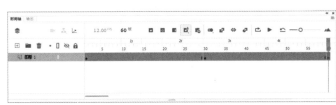

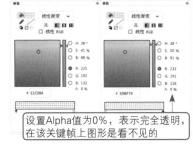

设置Alpha值为0%，表示完全透明，在该关键帧上图形是看不见的

图3-42 插入关键帧   图3-43 设置Alpha值

06 → 选择第30帧上的图形，使用"选择工具"调整图形的形状，如图3-44所示。分别设置"颜色"面板中两个渐变滑块的Alpha值为79%和36%，效果如图3-45所示。选择第60帧上的图形，使用同样的方法调整图形的形状，设置两个渐变滑块的Alpha值为0%。

设置Alpha值为79%的效果

设置Alpha值为36%的效果

图3-44 调整图形形状   图3-45 设置图形的不透明度

07 → 分别在第1帧和第30帧上创建补间形状动画，如图3-46所示。新建"名称"为"阳光动画"的"影片剪辑"元件，如图3-47所示。将"阳光"元件从"库"面板拖入场景中，并调整至合适的位置，如图3-48所示。

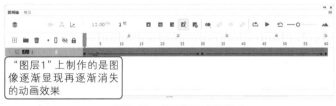

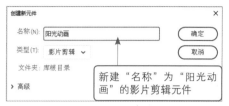

图3-46　创建补间形状动画　　　　　　　　图3-47　"创建新元件"对话框

提示

　　元件和位图是不可以制作补间形状动画的，只有形状图形才可以制作补间形状动画。如果是元件，必须将元件分离为图形后才可以制作补间形状动画。

08 → 新建图层，再次将该元件拖入场景中，使用"任意变形工具"调整元件的形状，如图3-49所示。

09 → 使用相同的方法，新建图层，多次拖入该元件并进行相应调整，如图3-50所示。"时间轴"面板如图3-51所示。

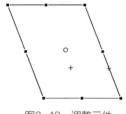

图3-48　拖入元件　　　　　图3-49　调整元件

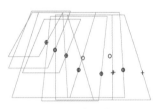

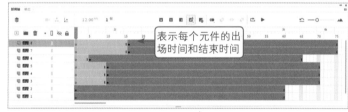

图3-50　场景效果　　　　　　　　　图3-51　"时间轴"面板

10 → 返回"场景1"编辑状态，将"背景"元件从"库"面板拖入场景中，如图3-52所示。新建图层，将"阳光动画"元件从"库"面板拖入场景中，并调整至合适的位置，如图3-53所示。

图3-52　拖入元件1　　　　　　　　　图3-53　拖入元件2

11 → 新建图层，将"云彩"元件从"库"面板拖入场景中，并调整至合适的位置，如图3-54所示。

12 → 完成动画制作，执行"文件">"保存"命令，将文件保存为"源文件\第3章\案例19.fla"，按快捷键Ctrl+Enter，测试动画效果，如图3-55所示。

图3-54 拖入元件3

图3-55 测试动画效果

案例20 图形变形：制作太阳公公动画

在Animate中，创建形状补间动画只需要在运动开始和结束的位置插入不同的图形，即可自动创建中间的动画过程。本案例制作一个卡通场景动画，主要是通过形状补间动画实现整个动画效果。图3-56为制作太阳公公动画的流程图。

教学视频

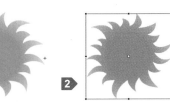

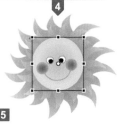

图3-56 操作流程图

案例 重点

- 调整图形变形
- 创建形状补间动画

案例 步骤

01 → 执行"文件">"新建"命令，弹出"新建文档"对话框，设置如图3-57所示。新建文件后，执行"插入">"新建元件"命令，弹出"创建新元件"对话框，新建图形元件，设置如图3-58所示。

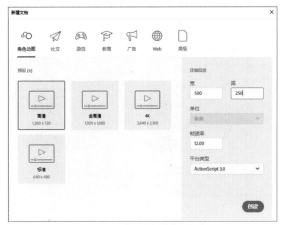

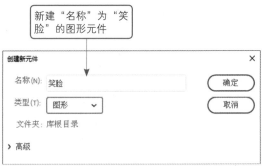

新建"名称"为"笑脸"的图形元件

图3-57　"新建文档"对话框　　　　　图3-58　"创建新元件"对话框

02 → 使用Animate中的"椭圆工具"和"线条工具"绘制笑脸图形，如图3-59所示。新建"名称"为"光动"的"影片剪辑"元件，如图3-60所示。

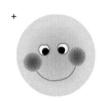

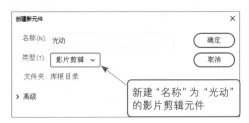

新建"名称"为"光动"的影片剪辑元件

图3-59　绘制图形　　　　　　　　图3-60　"创建新元件"对话框

03 → 使用"钢笔工具"绘制光芒图形，并填充渐变色，如图3-61所示。分别在第10帧和第20帧按F6键插入关键帧，"时间轴"面板如图3-62所示。

04 → 选择第10帧上的图形，使用"任意变形工具"对该帧上的图形进行旋转操作，如图3-63所示。分别在第1帧和第10帧创建补间形状动画，如图3-64所示。

关键帧显示为黑色小圆点

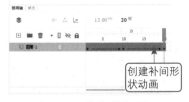

创建补间形状动画

图3-61　绘制图形　　图3-62　"时间轴"面板　　图3-63　旋转图形　　图3-64　"时间轴"面板

提示

　　补间形状动画与补间动画的区别在于，在形状补间中的起始和结束位置上插入的对象可以不一样，但必须具有分离属性，并且由于其变化是不规则的，因此无法获知具体的中间过程。

05 → 新建"名称"为"太阳动画"的"影片剪辑"元件，如图3-65所示。将"光动"元件从"库"面板拖入场景中，使用"任意变形工具"调整元件的大小，如图3-66所示。

06 → 新建"图层2"，再次将"光动"元件拖入场景中，使用"任意变形工具"调整元件，将元件等比例缩小并进行旋转操作，如图3-67所示。新建"图层3"，将"笑脸"元件从"库"面板拖入场景中，并调整至合适的大小和位置，如图3-68所示。

图3-65 "创建新元件"对话框

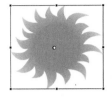
图3-66 调整图形大小

图3-67 拖入元件1

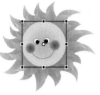
图3-68 拖入元件2

提示

在拖曳鼠标放大或缩小图像的时候按住Shift键，就可以将其等比例放大或缩小。

07 → 返回"场景1"编辑状态，执行"文件">"导入">"导入到舞台"命令，导入素材图像"素材\第3章\2001.jpg"，如图3-69所示。新建"图层4"，将"太阳动画"元件从"库"面板拖入场景中，如图3-70所示。

图3-69 导入图像

图3-70 拖入元件

08 → 完成动画制作，执行"文件">"保存"命令，将文件保存为"源文件\第3章\案例20.fla"，按快捷键Ctrl+Enter，测试动画效果，如图3-71所示。

图3-71 测试动画效果

提示

要想在补间形状中获得最佳效果，可以遵循以下准则。

● 在复杂的补间形状中，需要创建中间形状然后再进行补间，而不要只定义起始和结束的形状。

● 确保形状提示符合逻辑。例如，如果在一个三角形中使用三个形状提示，则在原始三角形和要补间的三角形中它们的顺序必须相同。

● 如果按照逆时针顺序从形状的左上角开始放置形状提示，其工作效果最好。

知识 拓展

选中需要插入帧的位置，执行"插入">"时间轴">"帧"命令，如图3-72所示，或者直接按F5键，即可在当前帧的位置插入一个帧。也可以在需要插入帧的位置右击，在弹出的快捷菜单中选择"插入帧"命令，如图3-73所示。

图3-72　"帧"命令　　　　图3-73　"插入帧"命令

选中需要插入关键帧的位置，执行"插入">"时间轴">"关键帧"命令，如图3-74所示，或者按F6键，即可在当前位置插入一个关键帧。也可以在需要插入关键帧的位置右击，在弹出的快捷菜单中选择"插入关键帧"命令，如图3-75所示。

选中需要插入空白关键帧的位置，执行"插入">"时间轴">"空白关键帧"命令，如图3-76所示，或者按F7键，即可在当前位置插入一个空白关键帧。也可以在需要插入关键帧的位置右击，在弹出的快捷菜单中选择"插入空白关键帧"命令，如图3-77所示。

图3-74　"关键帧"命令　　　图3-75　"插入关键帧"　　　图3-76　"空白关键帧"命令　　　图3-77　"插入空白关
　　　　　　　　　　　　　　　　　命令　　　　　　　　　　　　　　　　　　　　　　　键帧"命令

案例21　补间动画：制作飞舞的蒲公英动画

在Animate中，由于创建补间动画的步骤符合人们的逻辑，因此比较容易掌握和理解。补间动画只能在元件实例上应用，但元件实例可以包含嵌套元件，在补间动画应用于其他对象时，这些对象将作为嵌套元件包装在元件中，且包含嵌套的元件能够在自己的时间轴上进行补间。本案例的目的是让读者掌握补间动画的制作方法。图3-78为制作飞舞的蒲公英动画的流程图。

教学视频

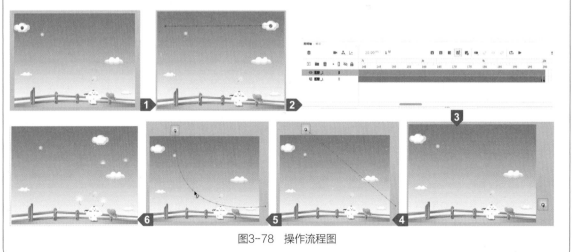

图3-78　操作流程图

案例 重点

- 掌握绘制图形的方法
- 掌握元件的使用方法

- 掌握插入帧和关键帧的方法
- 掌握补间动画的创建方法

案例 步骤

01 → 执行"文件">"新建"命令，弹出"新建文档"对话框，设置如图3-79所示。单击"创建"按钮，新建文件。

02 → 执行"文件">"导入">"导入到舞台"命令，导入素材图像"素材\第3章\2101.jpg"，并调整至合适的位置，如图3-80所示。

图3-79　"新建文档"对话框

图3-80　导入图像素材

03 → 此时"时间轴"面板如图3-81所示。在第200帧按F5键插入帧，"时间轴"面板如图3-82所示。

图3-81　"时间轴"面板

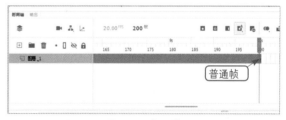

图3-82　插入帧

04 → 新建"名称"为"蒲公英"的"图形"元件，如图3-83所示。使用"钢笔工具"和"椭圆工具"，在舞台中绘制蒲公英图形，如图3-84所示。

05 → 新建"名称"为"白云"的"图形"元件，使用"钢笔工具"在舞台中绘制白云图形，如图3-85所示。

06 → 返回"场景1"编辑状态，新建"图层2"，将"白云"元件从"库"面板拖入场景中，并调整至合适的大小，放置在适当的位置，如图3-86所示。

图3-83　"创建新元件"对话框

图3-84　绘制图形1

图3-85　绘制图形2

图3-86　拖入元件

07 → 选择第1帧，执行"插入">"创建补间动画"命令，创建补间动画，如图3-87所示。在第100帧单击，移动舞台中元件的位置，如图3-88所示。在第200帧单击，移动舞台中元件的位置，如图3-89所示。

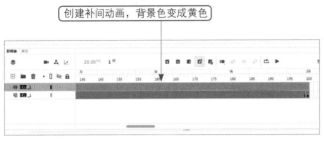

创建补间动画，背景色变成黄色

图3-87 创建补间动画

调整元件的位置，创建补间运动路径

图3-88 调整元件位置

提示

创建补间动画后，"时间轴"面板的背景色变成黄色，如果需要在某一帧改变元件的大小或位置等属性，只要将光标移动至该帧上，调整舞台中的元件，则会在当前帧自动创建关键帧，并显示运动路径。

08 → 新建"图层3"，将"蒲公英"元件从"库"面板拖入场景中，调整至合适的大小和位置，如图3-90所示。

将元件向左移动

图3-89 调整元件位置

图3-90 拖入元件

09 → 选择第1帧，执行"插入">"创建补间动画"命令，创建补间动画，在第200帧单击，移动舞台中元件的位置，如图3-91所示。选择"选择工具"，将光标移动至运动路径边缘，拖曳鼠标调整运动路径，如图3-92所示。

10 → 使用相同的方法，制作其他蒲公英飞舞的补间动画效果。完成动画制作，执行"文件">"保存"命令，将文件保存为"源文件\第3章\案例21.fla"，按快捷键Ctrl+Enter，测试动画效果，如图3-93所示。

将元件向左上方移动位置

图3-91 调整元件位置

使用"选择工具"调整补间动画的运动路径

图3-92 调整运动路径

图3-93 测试动画效果

案例22 调整补间运动路径：制作飞舞的小蜜蜂动画

教学视频

补间动画的路径可以直接显示在舞台上，并且有手柄可以调整。本案例的目的是让读者掌握如何调整补间运动路径。图3-94为制作飞舞的小蜜蜂动画的流程图。

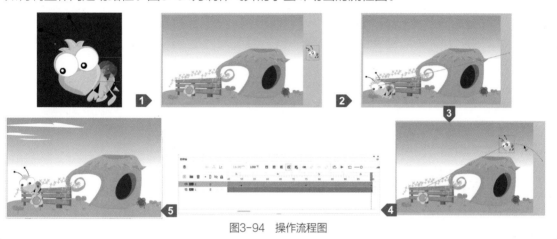

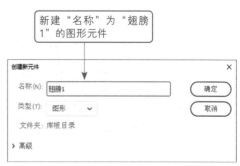

图3-94　操作流程图

案例　重点

- 创建补间动画
- 了解补间动画属性
- 调整补间动画运动路径

案例　步骤

01 → 执行"文件" > "新建"命令，弹出"新建文档"对话框，设置如图3-95所示。新建文件后，执行"插入" > "新建元件"命令，弹出"创建新元件"对话框，新建图形元件，设置如图3-96所示。

新建"名称"为"翅膀1"的图形元件

图3-95　"新建文档"对话框

图3-96　"创建新元件"对话框

02 → 使用"椭圆工具"绘制椭圆形，使用"选择工具"对绘制的椭圆形进行调整，完成翅膀绘制，如图3-97所示。使用相同的方法，新建"名称"为"翅膀2"的"图形"元件，绘制另一只翅膀，如图3-98所示。

03 → 新建"名称"为"翅膀"的"影片剪辑"元件，如图3-99所示。将"翅膀2"元件拖入舞台中，使用"任意变形工具"对元件进行旋转操作，如图3-100所示。

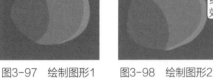

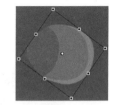

图3-97　绘制图形1　　图3-98　绘制图形2　　　　图3-99　"创建新元件"对话框　　　图3-100　旋转元件

04 → 新建图层，将"翅膀1"元件拖入舞台中并进行旋转操作，如图3-101所示。在"图层1"的第2帧按F6键插入关键帧，对该帧上的元件进行旋转操作，如图3-102所示。

05 → 在"图层2"的第2帧按F6键插入关键帧，对该帧上的元件进行旋转操作，如图3-103所示。"时间轴"面板如图3-104所示。

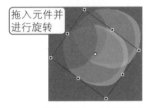
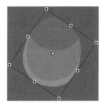
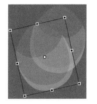
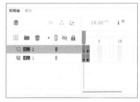

图3-101　旋转元件1　　图3-102　旋转元件2　　图3-103　旋转元件3　　图3-104　"时间轴"面板

06 → 使用相同的方法，制作其他元件，在"库"面板中可以看到制作的图形元件和影片剪辑元件，如图3-105所示。新建"名称"为"小蜜蜂"的"影片剪辑"元件，如图3-106所示。

07 → 新建图层，分别将"头部"元件和"眨眼"元件拖入舞台中，如图3-107所示。选择"图层1"，将"身体"元件和"翅膀"元件分别拖入舞台中并调整至合适的位置，如图3-108所示。

图3-105　"库"面板　　　　图3-106　"创建新元件"对话框

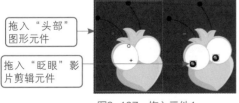

图3-107　拖入元件1　　　　　　图3-108　拖入元件2

08 → 返回"场景1"编辑状态，执行"文件">"导入">"导入到舞台"命令，导入素材图像"素材第3章\2201.jpg",如图3-109所示。在第100帧按F5键插入帧,将"图层1"上的图像素材延续到第100帧位置,"时间轴"面板如图3-110所示。

图3-109 导入图像

图3-110 "时间轴"面板

09 → 新建图层,将"小蜜蜂"元件拖入舞台中,调整元件的大小和位置,如图3-111所示。

选择第1帧,执行"插入">"创建补间动画"命令,创建补间动画。在第100帧单击,调整舞台中元件的大小和位置,生成运动路径,如图3-112所示。

图3-111 拖入元件

向左下方移动元件,并将其等比例放大

图3-112 调整元件位置

10 → 在第25帧按F6键插入关键帧,使用"选择工具"对运动路径进行调整,如图3-113所示。使用相同的方法,分别在第50帧和第75帧按F6键插入关键帧,并对各段运动路径进行调整,如图3-114所示。

此处调整的是第1帧至第25帧的运动路径

图3-113 调整运动轨迹1

图3-114 调整运动轨迹2

提示

选择"选择工具",将光标移动至路径,当指针变为图标时,单击并拖曳鼠标即可调整路径。如果需要更改路径端点的位置,可以将光标移动至需要改变位置的端点,当光标变成图标时,单击并拖曳鼠标即可改变端点的位置。如果需要更改整个路径的位置,可以单击路径,当路径变成实线后,单击并拖曳鼠标即可改变路径位置。

11 → 完成前一图层上的补间动画制作,可以看到该图层的时间轴效果,如图3-115所示。新建图层,将"白云飘动"元件拖入舞台中并调整至合适的位置,如图3-116所示。

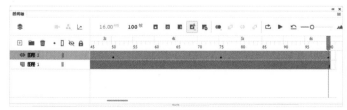

图3-115 "时间轴"面板

图3-116 拖入元件

提示

补间动画用于创建随着时间移动和变化的动画，并且能够最大限度地减少文件占用的空间。

12 → 新建图层，在第100帧按F6键插入关键帧，执行"窗口">"动作"命令，打开"动作"面板，输入脚本代码stop();，如图3-117所示。"时间轴"面板如图3-118所示。

图3-117 "动作"面板

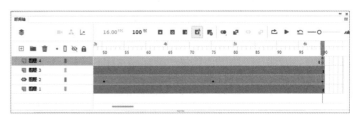

图3-118 "时间轴"面板

提示

传统补间动画是两个对象生成一个补间动画，而补间动画是一个对象的两个不同状态生成一个补间动画，这样就可以利用补间动画完成大批量或更为灵活的动画调整。

13 → 完成动画制作，执行"文件">"保存"命令，将文件保存为"源文件\第3章\案例22.fla"，按快捷键Ctrl+Enter，测试动画效果，如图3-119所示。

图3-119 测试动画效果

知识 拓展

创建完补间动画后，在"时间轴"面板上单击选择补间动画的任意一帧，即可在"属性"面板上对该帧的相关属性进行设置，如图3-120所示。

- 缓动：用于设置动画播放过程中的速率，单击缓动数值可激活文本框，然后直接输入数值即可，或者将光标放置到数值上，当光标变成图标后，左右拖曳也可调整数值。数值范围为-100～100。当数值为0时，表示正常播放；当数值为负值时，表示先慢后快；当数值为正值时，表示先快后慢。
- 旋转：用于设置元件实例的角度和旋转次数。
- 旋转选项：用于设置元件实例的旋转方法。在该下拉列

图3-120 补间动画的"属性"面板

表中包含3个选项，如果选择"无"选项，表示不进行旋转操作；如果选择"顺时针"选项，表示向顺时针方向旋转；如果选择"逆时针"选项，则表示向逆时针方向旋转。

- 调整到路径：勾选该复选框后，补间对象将随着运动路径随时调整自身的方向。
- X和Y：用于设置选区在舞台中的位置。如果改变选区的位置，路径线条也将随之移动。用户可以通过单击X、Y数值激活文本框后输入数值，也可在数值上按住鼠标左键左右拖曳进行调整。
- 宽和高：在改变选区宽度和高度的同时，会对路径曲线进行调整。
- 锁定：该按钮用于将元件的宽度和高度值固定在同一比例上，当修改其中一个数值时，另一个数值也随之变大或变小，再次单击该按钮即可解除比例锁定。
- 同步元件：勾选该复选框后，会重新计算补间的帧数，从而匹配时间轴上分配给它的帧数，使图形元件实例的动画与主时间轴同步。

案例23 传统补间动画：制作卡通角色入场动画

教学视频

　　构成传统补间动画的元素是元件，包括影片剪辑、图形元件、按钮、文字、位图、组合等，但不能是形状，只有将形状组合(使用快捷键Ctrl+G)或者转换成元件后才可以制作传统补间动画。本案例的目的是让读者掌握传统补间动画的制作方法。图3-121为制作卡通角色入场动画的流程图。

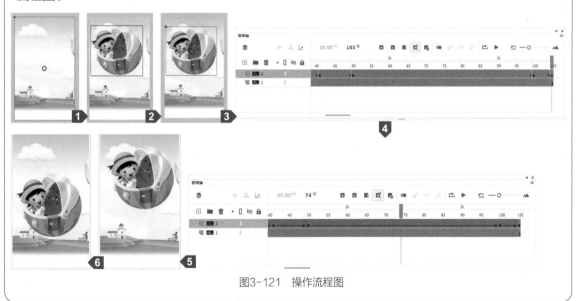

图3-121 操作流程图

案例 重点

- 创建传统补间动画
- 将素材转换为元件

案例　步骤

01 → 执行"文件">"新建"命令，弹出"新建文档"对话框，设置如图3-122所示。单击"创建"按钮，新建文件。

02 → 执行"文件">"导入">"导入到舞台"命令，导入素材图像"素材\第3章\2301.png"，并调整至合适的位置，如图3-123所示。

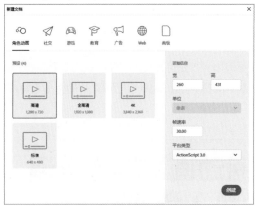

图3-122　"新建文档"对话框　　　　　　　　　　　图3-123　导入图像

03 → 执行"修改">"转换为元件"命令，弹出"转换为元件"对话框，设置如图3-124所示。单击"确定"按钮，将导入的图像素材转换为元件，如图3-125所示。在第105帧按F5键插入帧。

04 → 新建"图层2"，导入素材图像"素材\第3章\2302.png"，并将其移动至合适的位置，如图3-126所示。将素材图像转换成"名称"为"晃动"的"图形"元件，效果如图3-127所示。

转换成"名称"为"背景"的图形元件

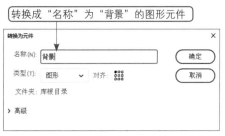

图3-124　"转换为元件"对话框　　图3-125　转换为元件　图3-126　导入素材　图3-127　转换为元件

05 → 分别在第40帧、第50帧、第100帧和第105帧按F6键插入关键帧，"时间轴"面板如图3-128所示。分别调整各关键帧上元件的位置，并创建传统补间动画，如图3-129所示。

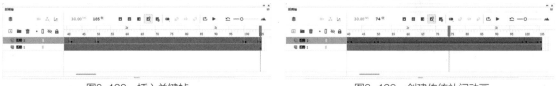

图3-128　插入关键帧　　　　　　　　　　　图3-129　创建传统补间动画

提示

　　创建传统补间动画需要先设定起始帧和结束帧的位置，然后在动画对象的起始帧和结束帧之间建立传统补间。在创建过程中，Animate会自动完成起始帧与结束帧之间的过渡动画。

06 → 完成动画制作，执行"文件">"保存"命令，将文件保存为"源文件\第3章\案例23.fla"，按快捷键Ctrl+Enter，测试动画效果，如图3-130所示。

图3-130　测试动画效果

案例24

不透明度：制作图像切换动画

传统补间动画是指在"时间轴"面板中的一个关键帧上放置一个元件，然后在另一个关键帧改变该元件的大小、颜色、位置、透明度等，Animate将自动根据二者之间的属性变化创建动画。本案例的目的是让读者掌握元件不透明度的设置方法。图3-131为制作图像切换动画的流程图。

教学视频

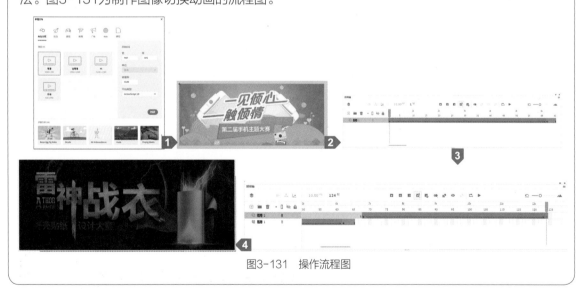

图3-131　操作流程图

案例 重点

- 设置图像的不透明度
- 掌握传统补间动画的创建方法

案例 **步骤**

01 → 执行"文件">"新建"命令，弹出"新建文档"对话框，设置如图3-132所示。单击"创建"按钮，新建文件。

02 → 执行"文件">"导入">"导入到舞台"命令，导入素材图像"素材\第3章\2401.jpg"，并调整至合适的位置，如图3-133所示。

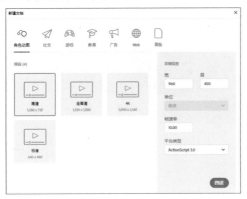

图3-132　"新建文档"对话框　　　　　　　　　　　图3-133　导入素材

03 → 执行"修改">"转换为元件"命令，弹出"转换为元件"对话框，如图3-134所示。单击"确定"按钮，将导入的素材图像转换为元件，如图3-135所示。

将图像素材转换成"名称"为"场景1"的图形元件

图3-134　"转换为元件"对话框　　　　　　　　　　图3-135　图形元件

04 → 在第65帧按F5键插入帧，"时间轴"面板如图3-136所示。在第63帧按F6键插入关键帧，"时间轴"面板如图3-137所示。

图3-136　插入帧　　　　　　　　　　　　　　图3-137　插入关键帧

05 → 选择第1帧上的元件，打开"属性"面板，设置该元件的Alpha值为25%，如图3-138所示，元件效果如图3-139所示。

在"样式"下拉列表中选择Alpha选项，即可设置元件的不透明度

Alpha值为25%的元件效果

图3-138　"属性"面板　　　　　　　　　　　　图3-139　元件效果

提示

Alpha选项可以调整舞台中元件实例的透明度，在选项右侧的文本框中直接输入数值，或者通过调节左侧的滑块改变数值的大小。

06 → 在第1帧创建传统补间动画，"时间轴"面板如图3-140所示。新建"图层2"，在第68帧按F6键插入关键帧，导入素材图像"素材\第3章\2402.jpg"，如图3-141所示。

> "图层1"上制作的是元件逐渐显现的动画效果

图3-140　创建传统补间

导入图像素材，并且调整至合适的位置

图3-141　导入素材

07 → 将素材图像转换成"名称"为"场景2"的"图形"元件，如图3-142所示。在第124帧按F6键插入关键帧，选择第68帧上的元件，在"属性"面板中设置其Alpha值为5%，如图3-143所示。在第68帧创建传统补间动画，"时间轴"面板如图3-144所示。

图3-142　转换为元件

> 设置元件的Alpha属性

图3-143　元件效果

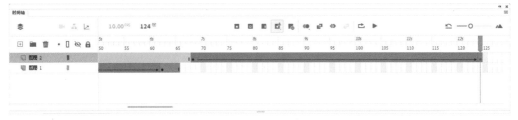

图3-144　"时间轴"面板

08 → 完成动画制作，执行"文件">"保存"命令，将文件保存为"源文件\第3章\案例24.fla"，按快捷键Ctrl+Enter，测试动画效果，如图3-145所示。

图3-145　测试动画效果

案例25　动画层次：制作文字淡入淡出动画

　　本案例制作文字淡入淡出动画，通过传统补间动画来实现这种效果。本案例的目的是让读者掌握淡入淡出动画的制作方法和技巧，并了解传统补间动画。图3-146为制作文字淡入淡出动画的流程图。

教学视频

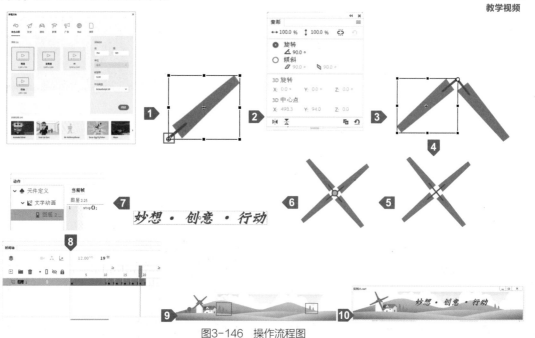

图3-146　操作流程图

案例　重点

- 创建传统补间动画
- 设置元件Alpha值
- 掌握淡入淡出动画的原理
- 掌握逐帧动画的应用

案例　步骤

01 → 执行"文件">"新建"命令，弹出"新建文档"对话框，设置如图3-147所示。单击"创建"按钮，新建文件。

02 → 执行"插入">"新建元件"命令，弹出"创建新元件"对话框，新建图形元件，设置如图3-148所示。选择"矩形工具"，设置"笔触颜色"为无，"填充颜色"为#248AD0，在画布中绘制矩形，如图3-149所示。使用"选择工具"调整矩形的形状，如图3-150所示。使用"任意变形工具"对图形进行旋转操作，如图3-151所示。

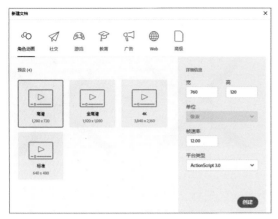

图3-147 "新建文档"对话框

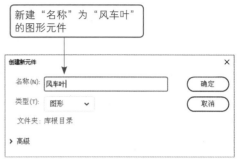

新建"名称"为"风车叶"的图形元件

图3-148 "创建新元件"对话框

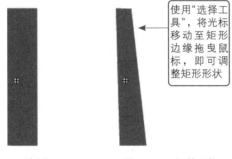

使用"选择工具",将光标移动至矩形边缘拖曳鼠标,即可调整矩形形状

图3-149 绘制矩形　　图3-150 调整形状

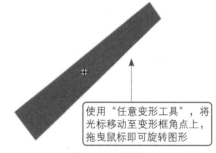

使用"任意变形工具",将光标移动至变形框角点上,拖曳鼠标即可旋转图形

图3-151 旋转图形

03 → 选择"矩形工具",设置"笔触颜色"为无,"填充颜色"为#175B88,在"属性"面板中设置矩形的圆角半径值,如图3-152所示。在舞台中绘制圆角矩形,选择"任意变形工具",对圆角矩形进行旋转操作并调整至合适的位置,如图3-153所示。

04 → 新建"名称"为"风车"的"图形"元件,将"风车叶"元件从"库"面板拖入场景中,如图3-154所示。选择"任意变形工具",调整元件中心点的位置,如图3-155所示。

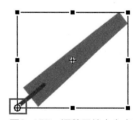

图3-152 设置"属性"面板　图3-153 绘制圆角矩形　　图3-154 拖入元件　　图3-155 调整元件中心点

05 → 打开"变形"面板,设置旋转角度,如图3-156所示。单击该面板上的"重制选区和变形"按钮,旋转和复制该元件,如图3-157所示。

06 → 使用相同的方法,再次复制需要的元件,如图3-158所示。新建"图层2",选择"椭圆工具",设置"笔触颜色"为#175B88,"填充颜色"为#FFcc00,在舞台中绘制正圆形,如图3-159所示。

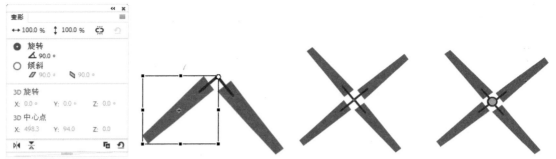

图3-156　"变形"面板　　图3-157　旋转并复制元件1　　图3-158　旋转并复制元件2　　图3-159　绘制正圆形

07 → 新建"名称"为"风车动画"的"影片剪辑"元件，如图3-160所示。将"风车"元件从"库"面板拖入场景中，在第45帧按F6键插入关键帧，在第1帧上创建传统补间动画，如图3-161所示。

图3-160　"创建新元件"对话框　　　　　　　　图3-161　"时间轴"面板

08 → 打开"属性"面板，设置"旋转"属性，在"旋转"下拉列表中选择"顺时针"选项，该元件会沿着顺时针的方向旋转，如图3-162所示。

09 → 执行"插入">"新建元件"命令，弹出"创建新元件"对话框，新建图形元件，设置如图3-163所示。选择"文本工具"，在"属性"面板中对文本的属性进行设置，如图3-164所示。在舞台中单击并输入文字，如图3-165所示。

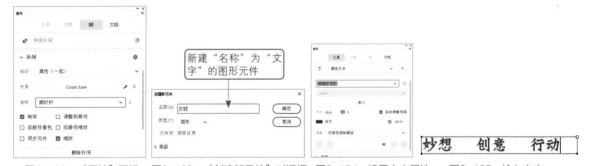

图3-162　"属性"面板　图3-163　"创建新元件"对话框　图3-164　设置文本属性　图3-165　输入文字

10 → 按快捷键Ctrl+B两次，将文字创建轮廓，如图3-166所示。选择"椭圆工具"，设置"笔触颜色"为无，"填充颜色"为#993366，在舞台中绘制正圆形，如图3-167所示。

> 将文字创建为轮廓后，文字变为图形，不再具有文字属性

妙想　创意　行动　　　妙想·创意·行动

图3-166　将文字创建轮廓　　　　　　　　　图3-167　绘制正圆形

11 → 选中所有文字图形，执行"窗口">"变形"命令，打开"变形"面板，设置如图3-168所示。舞台中的文字图形发生倾斜，效果如图3-169所示。

12 → 新建"名称"为"文字动画"的"影片剪辑"元件，将"文字"元件从"库"面板拖入场景中，如图3-170所示。在第25帧按F6键插入关键帧，选择第1帧上的元件，设置该帧上元件的Alpha值为0%，如图3-171所示。

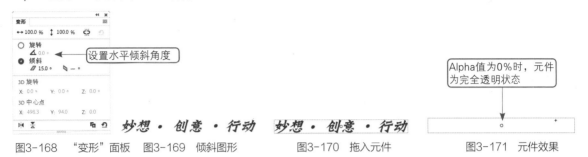

图3-168 "变形"面板　　图3-169 倾斜图形　　　　　图3-170 拖入元件　　　　　图3-171 元件效果

13 → 选择第25帧上的元件，将该帧上的元件向上移动。在第1帧创建传统补间动画，如图3-172所示。新建图层，在第25帧按F6键插入关键帧，打开"动作"面板，输入脚本代码stop();，如图3-173所示。

14 → 新建"名称"为"树动画"的"影片剪辑"元件，使用"钢笔工具"在舞台中绘制树图形，并填充颜色，如图3-174所示。分别在第10帧、第12帧、第14帧、第16帧、第18帧按F6键插入关键帧，对各关键帧上的图形进行修改，"时间轴"面板如图3-175所示。

图3-172 "时间轴"面板　　图3-173 输入代码　图3-174 绘制图形　图3-175 "时间轴"面板

15 → 返回"场景1"编辑状态，导入素材图像"素材\第3章\2501.jpg"，如图3-176所示。新建"图层2"，将"风车动画"元件从"库"面板拖入场景中，并调整至合适的位置和大小，如图3-177所示。

图3-176 导入素材　　　　　　　　　　图3-177 拖入元件1

16 → 新建"图层3"，将"树动画"元件从"库"面板拖入场景中，如图3-178所示。使用相同的方法，新建"图层4"至"图层7"，分别拖入"树动画"元件，并调整至不同的大小和位置，如图3-179所示。

图3-178 拖入元件2　　　　　　　　　　图3-179 拖入元件3

17 → 新建"图层8"，将"文字动画"元件从"库"面板拖入场景中，如图3-180所示。

18 → 完成动画制作，执行"文件">"保存"命令，将文件保存为"源文件\第3章\案例25.fla"，按快捷键Ctrl+Enter，测试动画效果，如图3-181所示。

图3-180　拖入元件4　　　　　　　　　　　　图3-181　测试动画效果

知识　拓展

　　创建传统补间动画后，在"时间轴"面板上单击选中传统补间动画上的任意一帧，即可在"属性"面板上对该帧的相关属性进行设置，如图3-182所示。

图3-182　传统补间动画的"属性"面板

该面板中的部分属性如下。

● 名称：用于标记该传统补间动画，在文本框中输入动画名称后，在时间轴中的前面会显示该名称。

● 类型：在该下拉列表中包含3种类型的标签，分别为"名称""注释"和"锚记"。

● 贴紧：勾选该复选框后，当使用辅助线定位对象时，能够使对象紧贴辅助线，从而能够更加精确地绘制和安排对象。

● 沿路径着色：勾选该复选框后，根据路径的颜色更改"色彩效果"。

● 沿路径缩放：勾选该复选框后，根据路径的宽度更改"缩放效果"。

● 缩放：勾选该复选框后，在制作缩放动画时，会随着帧的移动逐渐变大或变小；若取消勾选，则只在结束帧直接显示缩放后的对象大小。

第4章 制作高级动画

本章主要更加深入地讲解动画的一些高级技巧和综合运用方法，使读者对Animate动画有更深层次的了解。特别是添加了3D工具和骨骼工具，通过这类工具可以增强Animate动画的三维立体空间感。

案例26 引导层动画：制作卡通儿童乐园动画

教学视频

在制作引导层动画时，要了解动画的制作原理和方法，否则容易出现动画的协调问题。本案例要求读者掌握传统补间动画和引导层动画的制作方法，结合这两种方法制作卡通儿童乐园动画。图4-1为制作卡通儿童乐园动画的流程图。

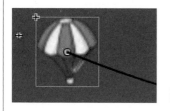
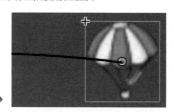
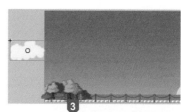

图4-1 操作流程图

案例 重点

- 掌握传统补间动画的制作方法
- 掌握新建传统运动引导层的方法
- 掌握引导层动画的制作方法

案例　步骤

01 → 执行"文件">"新建"命令，弹出"新建文档"对话框，对相关选项进行设置，如图4-2所示。新建文件后，将"舞台颜色"设置为"蓝色"。

02 → 执行"插入">"新建元件"命令，弹出"创建新元件"对话框，新建影片剪辑元件，设置如图4-3所示。

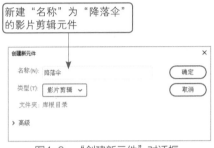

新建"名称"为"降落伞"的影片剪辑元件

图4-2　"新建文档"对话框　　　　图4-3　"创建新元件"对话框

03 → 在第40帧按F6键插入关键帧，导入素材图像"素材\第4章\2607.png"，将其与舞台原点居中对齐，如图4-4所示。将该素材图像转换成"名称"为"伞1"的"图形"元件，如图4-5所示。在第480帧按F5键插入帧。

转换"名称"为"伞1"的图形元件

图4-4　导入素材　　　图4-5　"转换为元件"对话框

04 → 为"图层1"添加传统运动引导层，在第40帧按F6键插入关键帧，使用"钢笔工具"在舞台中绘制降落伞运动路径，在第415帧按F5键插入帧，如图4-6所示。

图4-6　绘制路径

05 → 选择"图层1"第40帧上的元件，将其移动至路径的一端，使其中心点与路径端点重合，如图4-7所示。在第415帧按F6键插入关键帧，将元件调整至路径另一端点上，使其中心点与该端点重合如图4-8所示。

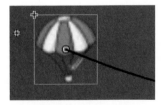

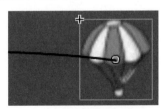

图4-7　移动至左端　　　图4-8　移动至右端

> **提示**
>
> 引导动画是通过引导层实现的，主要用于制作沿轨迹运动的动画效果。如果创建的是补间动画，则会自动生成引导线，并且该引导线可以进行任意调整；如果创建的是传统补间动画，那么需要先使用绘图工具绘制路径，再将对象移动至紧贴开始帧的开头位置，最后将对象拖曳至结束帧的结尾位置即可。

> **提示**
>
> 对象的中心必须与引导线相连，才能使对象沿着引导线自由运动。位于运动起始位置的对象的中心通常会自动连接到引导线，但是结束位置的对象则需要手动进行连接。如果对象的中心没有与引导线相连，那么对象便不能沿着引导线自由运动。

06 → 在第40帧创建传统补间动画，如图4-9所示。使用相同的方法，新建图层，导入素材图像，同样可以完成引导层动画制作，如图4-10所示。

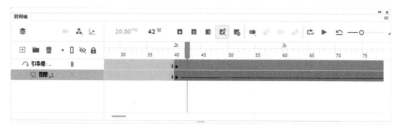

图4-9　创建补间动画

图4-10　导入素材完成引导层动画

07 → 返回"场景1"编辑状态，导入素材图像"素材\第4章\2601.jpg"，在第730帧按F5键插入帧，如图4-11所示。

图4-11　导入素材1

08 → 新建"图层2"，导入素材图像"素材\第4章\2604.png"，将该图像转换成"名称"为"鸭子"的"图形"元件，将其调整至合适的位置，如图4-12所示。在第600帧按F6键插入关键帧，将该帧上的元件向左移动至合适的位置，在第1帧创建传统补间动画，如图4-13所示。

导入素材图像并转换为元件，调整至合适的位置

将元件从右端移动至左端时，按住Shift键可以保持水平移动

图4-12　导入素材2　　　　　图4-13　创建补间动画

09 → 新建"图层3"，导入素材图像"素材\第4章\2605.png"，并将素材图像调整至合适的位置，如图4-14所示。

图4-14　导入素材1

10 → 新建"图层4"，导入素材图像"素材\第4章\2603.png"，将该图像转换成"名称"为

"领头云"的"图形"元件，并将元件调整至合适的位置，如图4-15所示。在第730帧按F6键插入关键帧，将该帧上的元件向右移动，在第1帧创建传统补间动画，如图4-16所示。

图4-15　导入素材2　　　　　　　　　　　　　图4-16　创建补间动画

11 → 新建"图层5"，将"降落伞"元件拖入舞台中并调整至合适的位置，如图4-17所示。新建"图层6"，在第55帧按F6键插入关键帧，导入素材图像，根据"图层4"相同的制作方法，完成"图层6"上动画的制作，如图4-18所示。

图4-17　调整位置　　　　　　　　　　　　　　图4-18　创建补间动画

提示

使用"任意变形工具"选择对象后，要将鼠标指针移动至角控制点上，按住Shift键，当鼠标指针变成倾斜的双向箭头时拖曳，才能等比例缩放对象。

12 → 完成动画制作，执行"文件"＞"保存"命令，将文件保存为"源文件\第4章\案例26.fla"，按快捷键Ctrl+Enter，测试动画效果，如图4-19所示。

图4-19　测试动画效果

案例27

多引导层动画：制作 蝴蝶飞舞动画

教学视频

本案例让读者掌握如何用关键帧使被引导元件的中心和引导路径更加吻合。首先使用逐帧动画制作蝴蝶、宝宝和场景中的花朵等，再使用传统动画、引导动画制作蝴蝶飞舞的效果。图4-20为制作蝴蝶飞舞动画的流程图。

图4-20　操作流程图

案例　重点

- 掌握逐帧动画的制作方法
- 掌握引导层动画中元件的调整方法
- 掌握传统运动引导层的创建方法
- 掌握多引导层动画的制作方法

案例　步骤

01 → 执行"文件">"新建"命令，弹出"新建文档"对话框，设置如图4-21所示。单击"创建"按钮，新建文件。

02 → 执行"插入">"新建元件"命令，弹出"创建新元件"对话框，新建影片剪辑元件，设置如图4-22所示。导入素材图像"素材\第4章\2704.png"，在第5帧按F5键插入帧；新建图层，在第5帧按F6键插入关键帧，导入素材图像"2705.png"，如图4-23所示。在第9帧按F5键插入帧，如图4-24所示。

03 → 使用相同的方法，制作其他一些元件，在"库"面板中可以看到这些元件，如图4-25所示。

04 → 返回"场景1"编辑状态，导入素材图像"素材\第4章\2701.jpg"，在第220帧按F5键插入帧，如图4-26所示。新建图层，导入素材图像"素材\第4章\2702.png"，再导入素材图像"2703.png"，并分别调整至合适的位置，如图4-27所示。新建"图层3"，将"蝴蝶动画1"元件拖入舞台中，如图4-28所示。

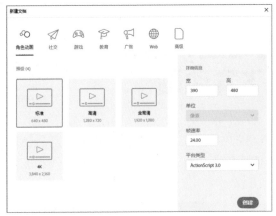

图4-21 "新建文档"对话框

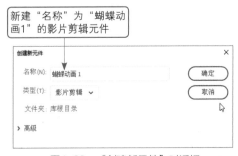

新建"名称"为"蝴蝶动画1"的影片剪辑元件

图4-22 "创建新元件"对话框

"图层1"中导入的素材图像

"图层2"中导入的素材图像

在预览窗口中可以看见选中的元件第1帧的效果

导入动画的背景图像，背景图像的尺寸大小可以事先在图像处理软件中处理为与新建的Animate文件的大小尺寸相同

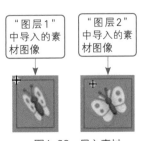

图4-23 导入素材

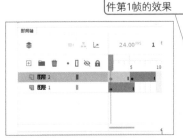

图4-24 "时间轴"面板

图4-25 "库"面板

图4-26 导入素材1

05 → 为"图层3"添加传统运动引导层，选择"钢笔工具"，在舞台中绘制运动路径，如图4-29所示。在"图层3"第20帧按F6键插入关键帧，调整该帧上元件的位置及方向，如图4-30所示。

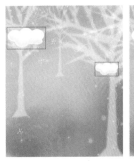

图4-27 导入素材2

拖入元件并调整至合适的位置

图4-28 拖入元件

绘制的运动路径

图4-29 绘制运动路径

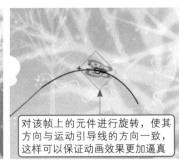

对该帧上的元件进行旋转，使其方向与运动引导线的方向一致，这样可以保证动画效果更加逼真

图4-30 调整元件位置及方向

06 → 使用相同的方法，分别在第40帧和第75帧按F6键插入关键帧，并调整这两个关键帧上元件的位置和方向，使元件的中心点与运动路径相重合，如图4-31所示。分别在第1帧、第20帧和第40帧创建传统补间动画。

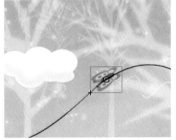
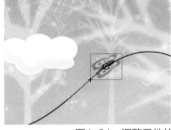

图4-31 调整元件位置及方向

提示

首先创建传统补间动画，然后在其中插入相应的关键帧并进行调整，这种方式可以在不影响动画效果的同时为动画添加一些特殊的效果。

07 → 新建"图层5"，将"娃娃动画"元件从"库"面板拖入舞台中，如图4-32所示。

08 → 新建"图层6"，将"花朵动画"元件多次拖入舞台中并分别调整至合适的位置，如图4-33所示。

09 → 新建"图层7"，将"蝴蝶动画2"元件拖入舞台中，如图4-34所示。

10 → 新建"图层8"，将"蝴蝶动画3"元件拖入舞台中，如图4-35所示。

图4-32 拖入元件1

图4-33 拖入元件2

图4-34 拖入元件3

图4-35 拖入元件4

提示

在制作路径跟随动画时，有时希望元件垂直于路径运动，需要勾选动画"属性"面板上的"调整到路径"复选框。

11 → 使用相同的方法，制作其他图层中的引导动画效果，场景效果如图4-36所示。"时间轴"面板如图4-37所示。

图4-36 场景效果

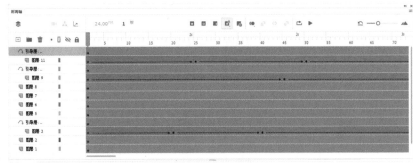
图4-37 "时间轴"面板

提示

在Animate中创建引导动画需要两个图层，分别为绘制路径的图层、在开始和结束的位置应用传统补间动画的图层。引导层在Animate中最大的特点在于：其一，在绘制图形时，引导层可以帮助对象对齐；其二，由于引导层不能导出，因此不会显示在发布的SWF文件中。在Animate 2022中，任何图层都可以使用引导层。当一个图层作为引导层时，则该图层名称的左侧会显示引导线图标。

12 → 完成动画制作，执行"文件">"保存"命令，将文件保存为"源文件\第4章\案例27.fla"，按快捷键Ctrl+Enter，测试动画效果，如图4-38所示。

图4-38　测试动画效果

知识　拓展

用户创建引导动画有两种方法：一种是在需要创建引导动画的图层上右击，在弹出的快捷菜单中选择"添加传统运动引导层"命令；另一种是首先在需要创建引导动画的图层上右击，在弹出的快捷菜单中选择"引导层"命令，将其自身变为引导层后，再将其他图层拖曳至该引导层中，使其归属于引导层。

在Animate中绘制图形时，引导层可以起到辅助静态对象定位的作用，并且可以单独使用，无须使用被引导层。此外，引导层上的内容和辅助线的作用差不多，不会被输出。

案例28　遮罩动画：制作滑动式遮罩动画

遮罩动画是一种常见的动画形式，即通过遮罩层显示需要展示的动画效果，能够制作很多极富创意色彩的Animate动画。本案例的目的是使读者掌握遮罩动画的创建方法。图4-39为制作滑动式遮罩动画的流程图。

教学视频

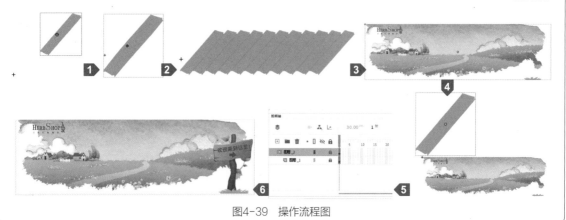

图4-39　操作流程图

案例　重点

- 掌握传统补间动画的制作方法
- 理解遮罩动画的原理
- 掌握创建遮罩动画的方法

案例　步骤

01 → 执行"文件">"新建"命令，弹出"新建文档"对话框，设置如图4-40所示。单击"创建"按钮，新建文件。

02 → 执行"插入">"新建元件"命令，弹出"创建新元件"对话框，新建图形元件，设置如图4-41所示。导入素材图像"素材\第4章\2801.jpg"，如图4-42所示。

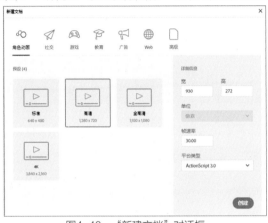

新建"名称"为"图像1"的图形元件

图4-40　"新建文档"对话框　　　　　　图4-41　"创建新元件"对话框

03 → 执行"插入">"新建元件"命令，弹出"创建新元件"对话框，新建图形元件，设置如图4-43所示。选择"钢笔工具"，在舞台中绘制图形，如图4-44所示。

新建"名称"为"图形1"的图形元件

图4-42　导入素材　　　　　　　　　　图4-43　"创建新元件"对话框

04 → 执行"插入">"新建元件"命令，弹出"创建新元件"对话框，新建影片剪辑元件，设置如图4-45所示。

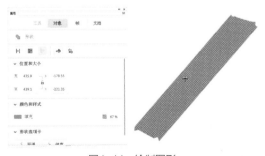

新建"名称"为"图形动画"的影片剪辑元件

图4-44　绘制图形　　　　　　　　　　图4-45　"创建新元件"对话框

05 → 将"图形1"元件拖入舞台中并调整至合适的位置，如图4-46所示。在第20帧按F6键插入关键帧，将元件向左下方移动，如图4-47所示。在第1帧创建传统补间动画，在第183帧按F5键插入帧，如图4-48所示。

图4-46 拖入元件

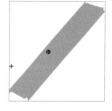
图4-47 调整元件的位置

图4-48 "时间轴"面板

06 → 使用相同的方法，完成"图层2"至"图层11"上动画效果的制作，场景效果如图4-49所示。"时间轴"面板如图4-50所示。

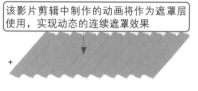

该影片剪辑中制作的动画将作为遮罩层使用，实现动态的连续遮罩效果

图4-49 场景效果

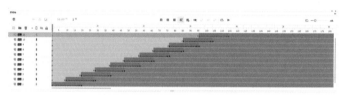
图4-50 "时间轴"面板

提 示

遮罩层上可以是图形，也可以是元件。对于元件来说，可以是图形、按钮，也可以是影片剪辑。对于笔触对象，则不可以作为遮罩层使用。

07 → 新建"图层12"，在第183帧按F6键插入关键帧，打开"动作"面板，输入脚本语言，如图4-51所示。

08 → 执行"插入">"新建元件"命令，弹出"创建新元件"对话框，新建影片剪辑元件，设置如图4-52所示。将"图像1"元件从"库"面板拖入舞台中，如图4-53所示。

图4-51 输入脚本语言

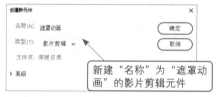

新建"名称"为"遮罩动画"的影片剪辑元件

图4-52 "创建新元件"对话框

09 → 新建"图层2"，将"图形动画"元件拖入舞台中，并调整至合适的位置，如图4-54所示。在"图层2"上右击，在弹出的快捷菜单中选择"遮罩层"命令，将"图层2"设置为遮罩层，创建遮罩动画，如图4-55所示。

图4-53 拖入元件1

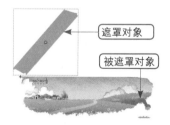

遮罩对象

被遮罩对象

图4-54 拖入元件2

10 → 返回到"场景1"的编辑状态,将"遮罩动画"影片剪辑元件拖曳至场景中,如图4-56所示。

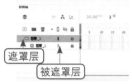

遮罩层
被遮罩层

图4-55 创建遮罩动画

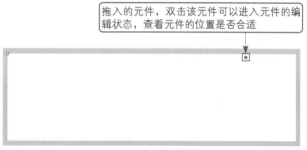

拖入的元件,因为该元件的第1帧在场景中看不到任何内容,所以拖入舞台中也看不到内容

图4-56 拖入元件

图4-57 "库"面板

11 → 执行"文件">"导入">"打开外部库"命令,打开外部素材库文件"素材\第4章\案例28-素材.fla",如图4-57所示。新建图层,从"库"面板中将"树动画"元件拖入舞台中,并调整至合适的位置,如图4-58所示。

拖入的元件,双击该元件可以进入元件的编辑状态,查看元件的位置是否合适

图4-58 拖入元件

12 → 完成动画制作,执行"文件">"保存"命令,将文件保存为"源文件\第4章\案例28.fla",按快捷键Ctrl+Enter,测试动画效果,如图4-59所示。

图4-59 测试动画效果

案例29　综合运用遮罩：制作活动宣传遮罩动画

教学视频

　　本案例制作活动宣传遮罩动画，通过多图层遮罩的形式制作显示大树的动画效果，将遮罩动画与补间形状动画和传统补间动画相结合，展现动画的整体效果。本案例的目的是使读者掌握遮罩动画的综合运用方法。图4-60为制作活动宣传遮罩动画的流程图。

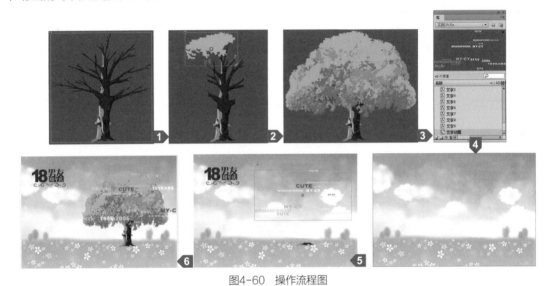

图4-60　操作流程图

案例　重点

- 掌握补间形状动画的制作方法
- 掌握遮罩动画的制作方法
- 理解多图层遮罩的运用

案例　步骤

01 → 执行"文件">"新建"命令，弹出"新建文档"对话框，设置如图4-61所示。单击"创建"按钮，新建文件。

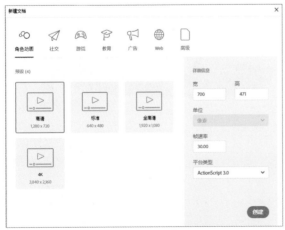

图4-61　"新建文档"对话框

02 → 执行"插入">"新建元件"命令，弹出"创建新元件"对话框，新建影片剪辑元件，设置如图4-62所示。

新建"名称"为"树动画"的影片剪辑元件

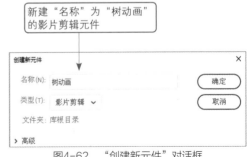

图4-62　"创建新元件"对话框

03 → 导入素材图像"素材\第4章\2902.png",将其转换成"名称"为"树"的"图形"元件,在第210帧按F5键插入帧,如图4-63所示。

04 → 新建"图层2",使用"矩形工具"在舞台中合适的位置绘制矩形,如图4-64所示。在第65帧按F6键插入关键帧,使用"任意变形工具"调整该帧上矩形的大小,如图4-65所示。

图4-63 导入素材

图4-64 绘制矩形

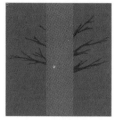
图4-65 调整矩形大小

05 → 在第1帧创建补间形状动画,将"图层2"设置为遮罩层,创建遮罩动画,如图4-66所示。

06 → 新建"图层3",在第66帧按F6键插入关键帧,将"树"元件拖入舞台中并调整,使其与"图层1"上的"树"元件位置重合,如图4-67所示。

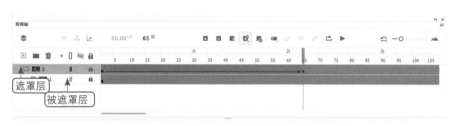
图4-66 "时间轴"面板

图4-67 拖入元件

提示

遮罩就像是个窗口,将遮罩项目放置在需要用作遮罩的图层上,通过遮罩可以看到下面链接层的区域,而其余所有的内容都会被遮罩层的其他部分隐藏。

07 → 新建"图层4",在第66帧按F6键插入关键帧,使用"矩形工具"在舞台中绘制两个矩形,如图4-68所示。在第85帧按F6键插入关键帧,分别调整两个矩形的形状和大小,如图4-69所示。

08 → 在第66帧创建补间形状动画,将"图层4"设置为遮罩层,创建遮罩动画,如图4-70所示。使用相同的方法,完成"图层5"至"图层8"上的遮罩动画制作,如图4-71所示。

图4-68 绘制两个矩形

图4-69 调整矩形形状和大小

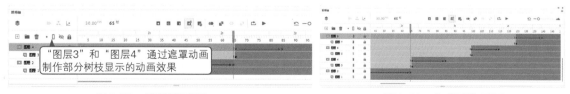

图4-70 创建遮罩动画

图4-71 "时间轴"面板

提示

选择需要设置为被遮层的图层，执行"修改"＞"时间轴"＞"图层属性"命令，弹出"图层属性"对话框，在"类型"选项组中选择"被遮罩"单选项，单击"确定"按钮。

09 → 新建"图层9"，在第55帧按F6键插入关键帧，导入素材图像"素材\第4章\2903.png"，将其转换成"名称"为"树叶1"的"图形"元件，如图4-72所示。在第70帧按F6键插入关键帧，选择第55帧上的元件，设置其Alpha值为0%，在第55帧创建传统补间动画，如图4-73所示。

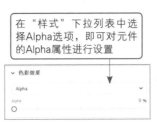

在"样式"下拉列表中选择Alpha选项，即可对元件的Alpha属性进行设置

该图层上制作的是树叶从透明到逐渐显示的动画效果

图4-72 导入素材　　　　图4-73 设置元件的Alpha值

10 → 根据制作"图层9"的方法，完成"图层10"至"图层16"动画效果制作，并根据动画效果调整图层的叠放顺序，场景效果如图4-74所示。"时间轴"面板如图4-75所示。

11 → 在"图层14"上方新建"图层17"，在第210帧按F6键插入关键帧，打开"动作"面板，输入脚本代码stop();，如图4-76所示。使用相同的方法，制作其他元件，在"库"面板中可以看到这些元件，如图4-77所示。

图4-74 场景效果

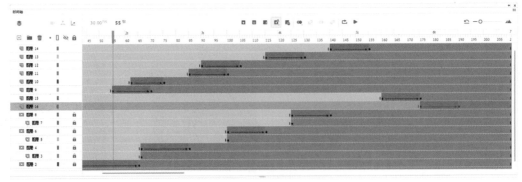

图4-75 "时间轴"面板

12 → 返回"场景1"编辑状态，导入图像"素材\第4章\2901.jpg"，在第210帧按F5键插入帧，如图4-78所示。

13 → 新建"图层2"，将"树动画"元件从"库"面板拖入场景中并调整至合适的位置，如图4-79所示。

14 → 新建"图层3"，在第90帧按F6键插入关键帧，将"男友周年庆"元件拖入舞台中，如图4-80所示。在第150帧按F6键插入关键帧，选择第90帧上的元件，设置其Alpha值为0%，在第

90帧创建传统补间动画，如图4-81所示。

拖入舞台的元件只显示该元件第1帧的效果

图4-76 输入脚本代码　图4-77 "库"面板　图4-78 导入素材　图4-79 拖入元件1

拖入元件并调整至合适的位置

图4-80 拖入元件2　　　　　　　　　图4-81 设置元件Alpha值

提示

如果需要解除遮罩层与被遮罩层之间的关系，可以选中需要解除遮罩与被遮罩关系的图层，执行"修改">"时间轴">"图层属性"命令，弹出"图层属性"对话框，在"类型"选项组中选择"一般"单选项，单击"确定"按钮。

15 → 新建"图层4"，在第200帧按F6键插入关键帧，将"文字动画"元件拖入舞台中，并调整至合适的位置，如图4-82所示。新建"图层5"，在第210帧按F6键插入关键帧，打开"动作"面板，输入脚本代码stop();，如图4-83所示。

16 → 完成动画制作，执行"文件">"保存"命令，将文件保存为"源文件\第4章\案例29.fla"，按快捷键Ctrl+Enter，测试动画效果，如图4-84所示。

此处元件的位置，可以通过多次测试动画，查看位置是否合适，并进行调整

图4-82 拖入元件　　　图4-83 输入脚本代码　　　图4-84 测试动画效果

知识 拓展

在创建遮罩动画时，一般情况下，一个遮罩动画中可以同时存在多个被遮罩图层，但是一个遮罩层只能包含一个遮罩项目，遮罩项目可以是填充的形状、影片剪辑、文字对象或者图形。按钮内部不能存在遮罩层，并且不能将一个遮罩应用于另一个遮罩，但是可以将多个图层组织在一个遮罩项目下，以创建更加复杂的遮罩动画效果。

在创建动态的遮罩动画时，对于不同的对象需要使用不同的方法。如果是对于填充的对象，可以使用补间形状；如果是对于文字、影片剪辑或者图形对象，则可以使用补间动画或传统补间动画。

案例30 为元件添加骨骼：制作
人物跑动骨骼动画

教学视频

本案例的目的是使读者掌握使用"骨骼工具"为元件创建骨骼系统并制作动画效果。通过"骨骼工具"可以向图形、按钮和影片剪辑元件实例添加骨骼系统。如果需要使用文本，首先需要将文本转换为元件，或者将文本通过"分离"命令转换为单独的形状，并对各形状使用骨骼。图4-85为制作人物跑动骨骼动画的流程图。

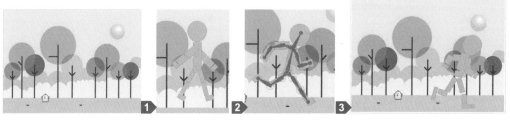

图4-85　操作流程图

案例 重点

- 了解骨骼动画
- 掌握"骨骼工具"的使用方法
- 掌握在多个元件之间创建骨骼系统
- 掌握姿势的调整方法

案例 步骤

01 → 执行"文件">"新建"命令，弹出"新建文档"对话框，设置如图4-86所示。单击"创建"按钮，新建文件。导入素材图像"素材\第4章\3001.png"，在第40帧按F5键插入帧，如图4-87所示。

02 → 使用"椭圆工具"和"矩形工具"在舞台中绘制图形，如图4-88所示。分别选中图形，按F8键将其转换为相应的图形元件，如图4-89所示。

03 → 选择"任意变形工具"，分别选中图形元件，调整其中心点位置，如图4-90所示。选择"骨骼工具"，选中"臀部"元件，按住鼠标左键向上拖曳，创建骨骼，如图4-91所示。

图4-86　"新建文档"对话框

图4-87　导入素材

图4-88　绘制图形

将绘制好的矩形和圆形分别转换成图形元件

图4-89　转换成元件

调整每个图形元件中心点的位置

图4-90　调整元件中心点

图4-91　创建躯干骨骼

提示

与传统补间动画一样，在进行动作的设置之前，要确定中心点的位置。单击工具箱中的"任意变形工具"按钮▦后，骨骼会隐藏，剩下骨骼的关节点，也就是元件的中心点，将中心点调整至关节弯曲的位置上。

提示

在创建骨骼系统之前，元件实例可以在不同的图层上。添加骨骼系统时，Animate会自动将它们移动至新的图层中。

04→ 继续创建骨骼系统，将腿部元件依次连接，如图4-92所示。使用相同的方法，将人物手臂和人物头部依次连接，如图4-93所示。

图4-92　创建腿部骨骼

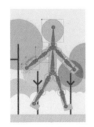

图4-93　创建手臂骨骼

提示

骨骼又称骨架，在父子层级结构中，骨架中的骨骼彼此相连。骨架可以是线性的或分支的。源于同一骨骼分支称为同级，骨骼之间的连接点称为关节。

05→ 使用"选择工具"调整骨骼系统，如图4-94所示。在"时间轴"面板的第20帧位置右击，在弹出的快捷菜单中选择"插入姿势"命令，使用"选择工具"调整骨骼系统，如图4-95所示。

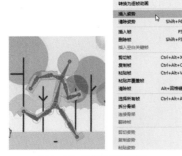

在第20帧的位置上右击插入姿势，使用"选择工具""调整姿势"，把之前的左腿在前、左手在后调整为右腿在前、右手在后。如果你之前摆的姿势是右腿在前、右手在后，那么也一定要在这一帧调换位置

图4-94　调整骨骼系统　　　　　图4-95　插入姿势并调整骨骼系统

提 示

调整骨骼系统时，除了要注意姿势以外，还可使用"排列"命令控制元件的层次，使用"任意变形工具"调整元件角度的位置。

06 → 选中第1帧上的对象并右击，在弹出的快捷菜单中选择"复制姿势"命令，如图4-96所示。在第40帧位置插入姿势，并执行"粘贴姿势"命令，如图4-97所示。

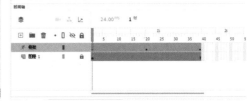

图4-96　复制姿势　　　　　　　图4-97　粘贴姿势

提 示

在Animate中创建骨骼动画主要有两种方式：第一种方式是向形状对象的内部添加骨骼；第二种方式是通过"骨骼工具"将多个不同的元件实例连接到一起。

07 → 完成骨骼动画制作，执行"文件"＞"保存"命令，将文件保存为"源文件\第4章\案例30.fla"，按快捷键Ctrl+Enter，测试动画效果，如图4-98所示。

图4-98　测试动画效果

案例31 为图形添加骨骼：制作游动的鱼

通过骨骼可以移动形状的各个部分并对其进行动画处理，而不需要绘制形状的不同版本或创建形状补间动画。本案例的目的是使读者掌握为图形添加骨骼并创建动画的方法。图4-99是为图形添加骨骼的流程图。

教学视频

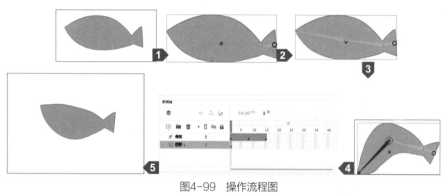

图4-99 操作流程图

案例 重点

- 掌握在图形中创建骨骼系统的方法
- 掌握插入姿势和调整姿势的方法
- 掌握骨骼系统的设置

案例 步骤

01 → 执行"文件">"新建"命令，弹出"新建文档"对话框，设置如图4-100所示。单击"创建"按钮，新建文件。

02 → 选择"钢笔工具"，设置"笔触颜色"和"填充颜色"，在舞台中绘制鱼图形，如图4-101所示。

图4-100 "新建文档"对话框

图4-101 绘制图形

提示

"骨骼工具"需要在ActionScript 3.0的文件中才能执行，而且不能在任意的图层之间移动关键帧，只适合用于同一个图层的动作。

03 → 选择"骨骼工具"，在尾部按住鼠标左键从左向右拖曳，为图形添加骨骼系统，如图4-102所示。继续创建骨骼，完成整个图形骨骼系统创建，如图4-103所示。

04 → 在"时间轴"面板的第8帧位置右击，在弹出的快捷菜单中选择"插入姿势"命令，如图4-104所示。使用"选择工具"在骨骼系统上拖曳可以调整骨骼，如图4-105所示。

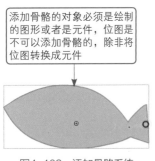

添加骨骼的对象必须是绘制的图形或者是元件，位图是不可以添加骨骼的，除非将位图转换成元件

图4-102　添加骨骼系统

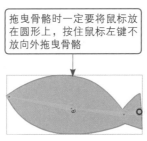

拖曳骨骼时一定要将鼠标放在圆形上，按住鼠标左键不放向外拖曳骨骼

图4-103　添加完毕

图4-104　执行命令

图4-105　调整骨骼

提示

骨骼的颜色由骨架图层本身的颜色决定，如果想修改骨骼颜色，可以单击"骨架图层"上的颜色方块，在弹出的"图层属性"对话框中修改颜色。为图形创建骨骼系统时，如果外形太过复杂，则系统提示不能添加骨骼系统。

提示

"骨骼工具"是一个非常智能的工具，使用该工具调整动画后，Animate将自动创建关键帧和补间动画。骨骼动画实际上是一种特殊的补间动画，姿势帧相当于补间动画的关键帧，可以用调整补间动画的方法调整骨骼动画。

05 → 在"时间轴"面板的第15帧位置右击，在弹出的快捷菜单中选择"插入姿势"命令，使用"选择工具"调整骨骼系统，如图4-106所示。"时间轴"面板如图4-107所示。

06 → 完成骨骼动画制作，执行"文件" > "保存"命令，将动画保存为"源文件\第4章\案例31.fla"，按快捷键Ctrl+Enter，测试动画效果，如图4-108所示。

图4-106　调整骨骼

图4-107　"时间轴"面板

图4-108　测试动画效果

3D旋转工具：制作图像 3D旋转动画

教学视频

　　"3D旋转工具"通过3D旋转控件旋转影片剪辑实例，使其沿 x、y 和 z 轴旋转，产生一种类似三维空间的透视效果。本案例的目的是使读者掌握使用"3D旋转工具"制作图像3D旋转动画的方法。图4-109为制作图像3D旋转动画的流程图。

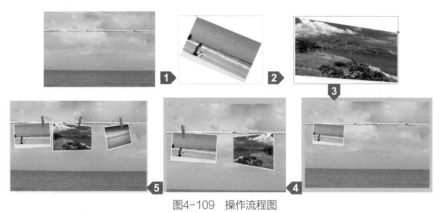

图4-109　操作流程图

案例 重点

- 了解3D旋转工具
- 了解3D轴的功能
- 掌握3D旋转工具的使用方法

案例 步骤

01 → 执行"文件">"新建"命令，弹出"新建文档"对话框，设置如图4-110所示。单击"创建"按钮，新建文件。

02 → 执行"文件">"导入">"导入到舞台"命令，导入素材图像"素材\第4章\3201.jpg"，如图4-111所示。

图4-110　"新建文档"对话框

图4-111　导入素材

03 → 在第100帧按F5键插入帧。新建"名称"为"照片1动画"的"影片剪辑"元件，如图4-112所示。单击"确定"按钮，导入素材图像"素材\第4章\3202.jpg"，并调整至合适的位置，如图4-113所示。

图4-112 "创建新元件"对话框　　　　　　　图4-113 导入素材

04 → 将刚导入的素材转换成"名称"为"照片1"的"影片剪辑"元件，如图4-114所示。在第1帧创建补间动画，将光标移动至第24帧按F6键插入关键帧，如图4-115所示。

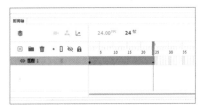

图4-114 "转换为元件"对话框　　　　　　图4-115 "时间轴"面板

05 → 选择第1帧，单击工具箱中的"3D旋转工具"按钮 ，沿 z 轴拖曳鼠标，对元件进行3D旋转操作，如图4-116所示。

06 → 新建"图层2"，在第24帧按F6键插入关键帧，打开"动作"面板，输入脚本代码stop();，"时间轴"面板如图4-117所示。

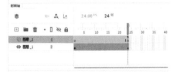

图4-116 沿z轴旋转对象　　　　　图4-117 "时间轴"面板

提示

　　3D旋转控制由四部分组成：红色的是x轴控件、绿色的是y轴控件、蓝色的是z轴控件，使用橙色的自由变换控件可以同时绕x和y轴进行旋转。3D旋转控件使用户可以沿x、y和z轴任意旋转和移动对象，从而产生极具透视效果的动画。相当于将舞台上的平面图形看作三维空间中的一个纸片，通过操作旋转控件，使这个二维纸片在三维空间中旋转。

07 → 新建"名称"为"照片2动画"的"影片剪辑"元件，如图4-118所示。导入素材图像"素材\第4章\3203.jpg"，并调整至合适的位置，如图4-119所示。

08 → 将刚导入的素材转换成"名称"为"照片2"的"影片剪辑"元件，如图4-120所示。在第1帧创建补间动画，选择第1帧，单击工具箱中的"3D旋转工具"按钮 ，沿y轴拖曳鼠标，对元件进行3D旋转操作，如图4-121所示。

图4-118 "创建新元件"对话框　　图4-119 导入素材　　图4-120 "转换为元件"对话框　　图4-121 沿y轴旋转对象

在x、y或z轴上旋转对象时，其他轴将显示为灰色，表示当前不可操作，这样可以确保对象不受其他控件的影响。

09 → 选择第24帧，使用"3D旋转工具"沿y轴拖曳鼠标，对元件进行3D旋转操作，如图4-122所示。新建"图层2"，在第24帧按F6键插入关键帧，打开"动作"面板，输入脚本代码 stop();，"时间轴"面板如图4-123所示。使用相同的方法，制作"照片3动画"元件，如图4-124所示。

10 → 返回到"场景1"的编辑状态，新建"图层2"，将"照片1动画"元件拖入舞台中，并调整至合适的位置，如图4-125所示。

图4-122 沿y轴旋转对象

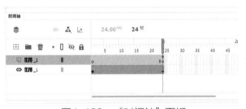

图4-123 "时间轴"面板

图4-124 "库"面板

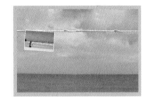

图4-125 拖入元件

用户除了可以使用"3D旋转工具"在影片剪辑对象上拖曳实现对象的3D旋转操作外，还可以通过"变形"面板实现影片剪辑对象的精确3D旋转。在"变形"面板中"3D旋转"选项区的x、y和z选项中输入需要的值以旋转选中的对象，也可以在数值上通过左右拖曳鼠标调整数值。

11 → 选择刚拖入的元件，设置其Alpha值为0%，如图4-126所示。在第24帧按F6键插入关键帧，设置该帧上元件的Alpha值为100%，在第1帧创建传统补间动画，如图4-127所示。

12 → 新建"图层3"，在第10帧按F6键插入关键帧，导入素材图像"素材\第4章\3205.png"，如图4-128所示。将其转换成"名称"为"夹子1"的"图形"元件，如图4-129所示。

图4-126 元件效果

图4-127 "时间轴"面板

图4-128 导入素材

图4-129 "转换为元件"对话框

13 → 在第24帧按F6键插入关键帧，选择第10帧上的元件，设置其Alpha值为0%，如图4-130所示。在第10帧创建传统补间动画，"时间轴"面板如图4-131所示。

14 → 新建"图层4"，在第25帧按F6键插入关键帧，将"照片2动画"元件拖入舞台中，并调整至合适的位置，如图4-132所示。在第49帧按F6键插入关键帧，选择第25帧上的元件，设置其Alpha值为0%，如图4-133所示。

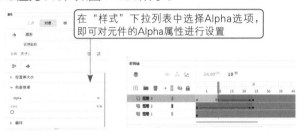
在"样式"下拉列表中选择Alpha选项，即可对元件的Alpha属性进行设置

图4-130 设置Alpha属性　　图4-131 "时间轴"面板　　图4-132 拖入元件　　图4-133 元件效果

15 → 在第25帧创建传统补间动画，使用相同的方法，制作"图层5"上的动画效果，如图4-134所示。"时间轴"面板如图4-135所示。

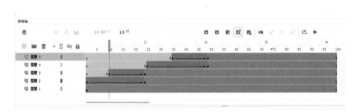

图4-134 场景效果　　　　　　　　　　　　　图4-135 "时间轴"面板

16 → 使用相同的方法，制作"图层6"和"图层7"上的动画效果，如图4-136所示。"时间轴"面板如图4-137所示。

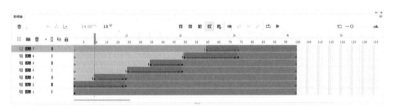

图4-136 场景效果　　　　　　　　　　　　　图4-137 "时间轴"面板

17 → 完成动画制作，执行"文件">"保存"命令，将文件保存为"源文件\第4章\案例32.fla"，按快捷键Ctrl+Enter，测试动画效果，如图4-138所示。

图4-138 测试动画效果

案例33 3D平移工具：制作3D平移动画

教学视频

使用"3D平移工具"并结合Animate中的基本动画功能，可以轻松地制作一些简单的动画效果。本案例的目的是使读者掌握"3D平移工具"的使用方法。图4-139为制作3D平移动画的流程图。

图4-139 操作流程图

案例 重点

- 掌握"3D平移工具"的使用方法
- 使用"3D平移工具"制作3D平移动画

案例 步骤

01 → 执行"文件">"新建"命令，弹出"新建文档"对话框，设置如图4-140所示。单击"创建"按钮，新建文件。

02 → 执行"文件">"导入">"导入到舞台"命令，导入素材图像"素材\第4章\3301.jpg"，如图4-141所示。

图4-140 "新建文档"对话框

图4-141 导入素材

03 → 在第100帧按F5键插入帧。新建"图层2"，导入素材图像"素材\第4章\3302.png"，并调整至合适的位置，如图4-142所示。将其转换成"名称"为"人物"的"影片剪辑"元件，如图4-143所示。

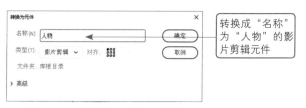

图4-142　导入素材　　　　　　　　图4-143　"转换为元件"对话框

04 → 在第1帧处创建补间动画，将光标移动至第50帧位置，按F6键插入关键帧，如图4-144所示。选择第1帧上的元件，单击工具箱中的"3D平移工具"按钮，沿z轴拖曳鼠标，对元件进行3D平移操作，如图4-145所示。

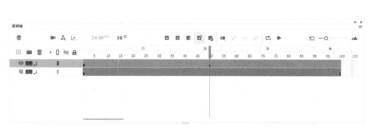

图4-144　创建补间动画　　　　　　　　　　　图4-145　场景效果

提示

　　选择"3D平移工具"，可以将对象沿着z轴移动。当使用该工具选中影片剪辑实例后，影片剪辑x、y、z三个轴将显示在舞台对象的顶部，x轴为红色，y轴为绿色，z轴为蓝色。

05 → 新建"图层3"，在第50帧按F6键插入关键帧，导入素材图像"素材\第4章\3303.png"，并调整至合适的位置，如图4-146所示。将其转换成"名称"为"文字"的"影片剪辑"元件，如图4-147所示。

图4-146　导入素材　　　　　　　　图4-147　"转换为元件"对话框

06 → 在第50帧创建补间动画，将光标移动至第80帧位置，按F6键插入关键帧，如图4-148所示。选择第50帧上的元件，选择"3D平移工具"，沿z轴拖曳鼠标，对元件进行3D平移操作，如图4-149所示。

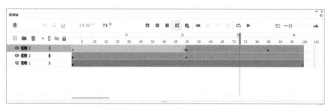

图4-148　创建补间动画

图4-149　场景效果

提 示

　　单击工具箱中的"3D平移工具"按钮，将光标移动至x轴上，指针变成形状时，按住鼠标左键进行拖曳，即可沿x轴方向移动，移动的同时，y轴改变颜色，表示当前不可操作，确保只沿x轴移动。同样，将光标移动至y轴上，当指针变化后进行拖曳，可沿y轴移动。x轴和y轴相交的地方是z轴，即x轴与y轴相交的黑色实心圆点，将鼠标指针移动至该位置，光标指针变成形状，按住鼠标左键进行拖曳，可使对象沿z轴方向移动，移动的同时x、y轴颜色改变，确保当前操作只沿z轴移动。

07 → 完成动画制作，执行"文件">"保存"命令，将文件保存为"源文件\第4章\案例33.fla"，按快捷键Ctrl+Enter，测试动画效果，如图4-150所示。

图4-150　测试动画效果

提 示

　　使用"3D平移工具"移动对象看上去与"选择工具"或"任意变形工具"移动对象结果相同，但这两者之间有着本质的区别。使用"3D平移工具"是使对象在虚拟的三维空间中移动，产生空间感的画面，而使用"选择工具"或"任意变形工具"只是在二维平面上编辑对象。

第5章 制作文字与按钮动画

在一个网站中，如果单纯只有普通文字和静态图片的话，那么页面的效果会显得有些枯燥乏味，所以在网页中制作相应的文字和按钮动画，能够极大地丰富页面的内容，使页面效果更加精彩和富有动感。本章将通过制作不同类型的动画效果，为读者介绍在Animate中制作文字和按钮动画的方法与技巧。

案例34 分离文本：制作霓虹闪烁文字动画

教学视频

本案例通过为矩形元件创建传统补间动画制作矩形的变色效果，从而生成闪烁的文字动画，通过本案例读者可以掌握如何分离和运用文本。图5-1为制作霓虹闪烁文字动画的流程图。

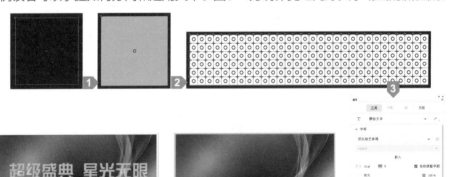

图5-1 操作流程图

案例 重点

- 掌握文本工具的使用方法
- 掌握对元件色调属性进行设置的方法
- 掌握将文本分离为图形的方法
- 掌握遮罩动画的制作方法

![案例 步骤]

01 → 执行"文件">"新建"命令，弹出"新建文档"对话框，设置如图5-2所示。单击"创建"按钮，新建文件。

02 → 执行"插入">"新建元件"命令，弹出"创建新元件"对话框，新建影片剪辑元件，设置如图5-3所示。

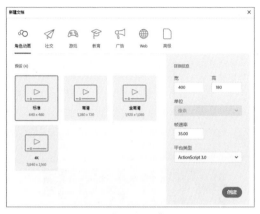

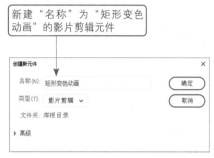

新建"名称"为"矩形变色动画"的影片剪辑元件

图5-2　"新建文档"对话框　　　　　　　图5-3　"创建新元件"对话框

03 → 选择"矩形工具"，设置"笔触颜色"为无，"填充颜色"为#FFFFFF，在舞台中绘制"宽度"和"高度"均为10像素的矩形，如图5-4所示。选中刚刚绘制的矩形，将矩形转换成"名称"为"矩形"的"图形"元件，如图5-5所示。

04 → 分别在第15、30、45、60、75、90帧按F6键插入关键帧，选择第15帧上的元件，设置Alpha值为0%，元件将完全透明，如图5-6所示。选择第45帧上的元件，在"属性"面板中设置"色调"选项，如图5-7所示。

如果需要绘制固定大小的矩形，可以使用"矩形工具"，按住Alt键在舞台中单击，在弹出的"矩形设置"对话框中设置矩形的宽度和高度

转换成"名称"为"矩形"的图形元件

在"样式"下拉列表中选择"色调"选项，可以对色调相关选项进行设置

图5-4　绘制矩形　　　图5-5　"转换为元件"对话框　图5-6　元件效果1　　　图5-7　元件效果2

05 → 选择第75帧上的元件，在"属性"面板中设置"色调"选项，如图5-8所示。分别在第1、15、30、45、60、75帧上创建传统补间动画。复制"影片剪辑"元件，将对应帧位置的矩形调整为新的色调，如图5-9所示。

06 → 新建"名称"为"整体动画"的"影片剪辑"元件，将"矩形变色动画"元件从"库"面板拖入场景中，如图5-10所示。多次复制"矩形变色动画"元件，并在场景中进行排列，如图5-11所示。

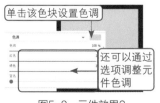

单击该色块设置色调

还可以通过选项调整元件色调

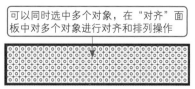

可以同时选中多个对象，在"对齐"面板中对多个对象进行对齐和排列操作

图5-8　元件效果3　　　　图5-9　复制元件　　　图5-10　拖入元件　　　图5-11　多次复制元件

07 → 新建"图层2"，选择"文本工具"，在"属性"面板中进行相应设置，在舞台中输入文字，如图5-12所示。执行"修改">"分离"命令两次，将文本分离成图形，并将"图层2"设置为遮罩层，通过遮罩动画制作闪烁的文字效果，如图5-13所示。

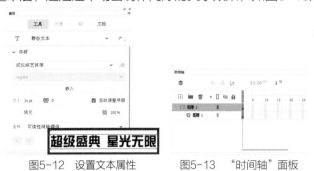

图5-12 设置文本属性　　图5-13 "时间轴"面板

提　示

选择"文本工具"，在舞台区单击鼠标，在创建的文本框中输入文字时，文本框的宽度不固定，它会随着用户所输入文本的长度自动扩展。如果需要换行输入，按Enter键即可。

08 → 返回"场景1"编辑状态，导入素材图像"素材\第5章\3401.jpg"，如图5-14所示。将"整体动画"元件拖入舞台中，调整至合适的位置，如图5-15所示。

图5-14 导入素材　　　　　　　图5-15 拖入元件

09 → 完成动画制作，执行"文件">"保存"命令，将文件保存为"源文件\第5章\案例34.fla"，按快捷键Ctrl+Enter，测试动画效果，如图5-16所示。

图5-16 测试动画效果

知识　拓展

Animate 2022中的"文本工具"可创建3种不同的文本类型，如图5-17所示。

图5-17 文本类型

● 静态文本：该类型文本用于创建动画中一直不会发生变化的文本。例如，标题或说明性的文字等，在某种意义上它就是一张图片，尽管很多人将静态文本称为文本对象，但是需要注意的是，真正的文本对象是指动态文本和输入文本。

由于静态文本不具备对象的基本特征，没有自己的属性和方法，无法对其进行命名，因此不能通过编程使用静态文本制作动画。

● 动态文本：该类型文本是十分强大的，但是它只允许动态显示，却不允许动态输入。当用户需要使用Animate开发涉及在线提交表单等应用程序时，就需要一些可以让用户实时输入数据的文本域，此时则需要用到"输入文本"。

● 输入文本：由于输入文本和动态文本是同一个类型派生出来的，因此输入文本也是对象，与动态文本有相同的属性和方法。另外，输入文本的创建方法与动态文本也是相同的，其唯一的区别是需要在"属性"面板的"文本类型"下拉列表中选择"输入文本"选项。

案例35 图层和文字：制作广告文字动画

教学视频

本案例在影片剪辑元件中制作矩形从窄变宽的补间形状动画效果，并使用"文本工具"制作广告文字动画效果，通过该案例读者可掌握"文本工具"和图层的综合运用。图5-18为制作广告文字动画的流程图。

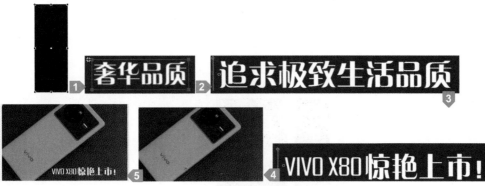

图5-18 操作流程图

案例 重点

- 掌握补间形状动画的制作方法
- 掌握文本属性的设置方法
- 掌握输入文本的方法
- 掌握文字遮罩动画的制作方法

案例 步骤

01 → 执行"文件">"新建"命令，弹出"新建文档"对话框，设置如图5-19所示。单击"创建"按钮，新建文件。

02 → 执行"插入">"新建元件"命令，弹出"创建新元件"对话框，新建影片剪辑元件，设置如图5-20所示。

图5-19 "新建文档"对话框

新建"名称"为"矩形动画"的影片剪辑元件

图5-20 "创建新元件"对话框

03 → 选择"矩形工具"，在场景中绘制"宽度"为1像素、"高度"为40像素的矩形。在第20帧按F6键插入关键帧，选择"任意变形工具"，调整该矩形的宽度，在第1帧创建补间形状动画，如图5-21所示。新建图层2，在第20帧按F6键插入关键帧，在"动作"面板中输入脚本代码，如图5-22所示。

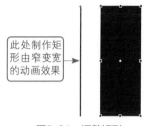

图5-21　调整矩形　　　　　　　　图5-22　输入脚本代码

04 → 新建"名称"为"整体矩形动画"的"影片剪辑"元件，将"矩形动画"元件从"库"面板拖入场景中，在第50帧按F5键插入帧，如图5-23所示。新建"图层2"，在第2帧按F6键插入关键帧，将"矩形动画"元件从"库"面板拖入场景中，如图5-24所示。

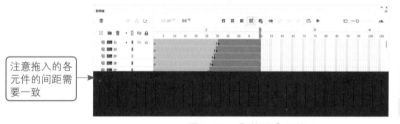

图5-23　"创建新元件"对话框　　　　　　　　图5-24　拖入元件

05 → 根据制作"图层1"和"图层2"的方法，制作"图层3"至"图层31"，如图5-25所示。新建"图层32"，在第50帧按F6键插入关键帧，在"动作"面板中输入脚本代码，如图5-26所示。

图5-25　"时间轴"面板　　　　　　　　图5-26　输入脚本代码

06 → 新建"名称"为"文本动画1"的"影片剪辑"元件，如图5-27所示。选择"文本工具"，在"属性"面板中对文字属性进行设置，在舞台中输入文本，如图5-28所示。

图5-27　"创建新元件"对话框　　　　　　　　图5-28　输入文字

提示

文本属性包括“字符”属性和“段落”属性两种，选中特定的文字内容，可以在“属性”面板中对文字的“字符”与“段落”属性进行精心设置，从而达到美化动画页面的作用，并且还可以使文字更加清晰、易读。

07 执行“修改”>“分离”命令两次，将文本分离成图形。新建“图层2”，将“整体矩形动画”元件从“库”面板拖入场景中，如图5-29所示。将“图层2”设置为“遮罩层”，创建遮罩动画效果，如图5-30所示。

拖入的元件
奢华品质
图5-29　拖入元件

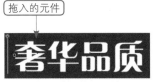

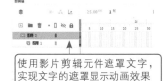

使用影片剪辑元件遮罩文字，实现文字的遮罩显示动画效果
图5-30　创建遮罩动画

提示

执行“修改”>“分离”命令，或按快捷键Ctrl+B，可以将选定文本中的每个字符都放入一个单独的文本字段中，但是文本在舞台上的位置保持不变，再次执行“修改”>“分离”命令，可以将舞台上的文本转换为形状。

08 根据“文本动画1”元件的制作方法，制作“文本动画2”元件和“文本动画3”元件，如图5-31所示。

09 返回“场景1”编辑状态，导入素材图像“素材\第5章\3501.jpg”，在第300帧按F5键插入帧，如图5-32所示。

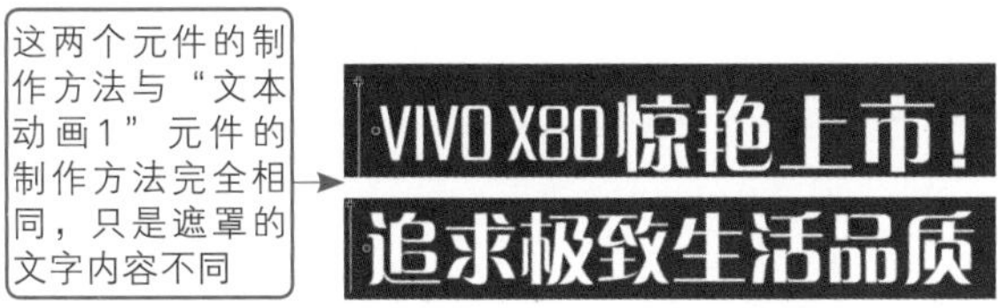

这两个元件的制作方法与“文本动画1”元件的制作方法完全相同，只是遮罩的文字内容不同
VIVO X80惊艳上市！
追求极致生活品质
图5-31　文本元件效果

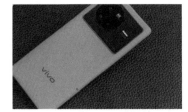

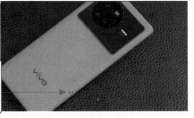

图5-32　导入素材

10 新建“图层2”，将“文字动画1”元件从“库”面板拖入舞台中，如图5-33所示。在第100帧按F7键插入空白关键帧，将“文字动画2”元件拖入舞台中，在第200帧按F7键插入空白关键帧，将“文字动画3”元件拖入舞台中，如图5-34所示。

拖入的元件，双击该元件可以进入元件的编辑状态，查看元件的位置是否合适
图5-33　拖入元件1

图5-34　拖入元件2

11 完成动画制作，执行“文件”>“保存”命令，将文件保存为“源文件\第5章\案例35.fla”，按快捷键Ctrl+Enter，测试动画效果，如图5-35所示。

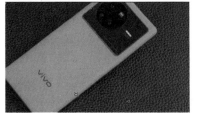

图5-35　测试动画效果

知识拓展

　　字体系列、样式、大小、间距、填充和消除锯齿等选项都属于文本的"字符"属性。用户可以根据设计的需要，在"字符"属性面板中对相关选项进行设置。"字符"属性面板如图5-36所示。

　　在该属性面板中包括如下选项。

　　● 字体系列：用于为选中的文本应用不同的字体系列，在该下拉列表中可以选择相应的字体，也可以在该选项的文本框中直接输入字体的名称。

　　● 样式：用于设置字体的样式，不同的字体可供选择的样式也是不同的，一般情况下，包括以下几种选项，如图5-37所示。

图5-36　文字属性　　图5-37　"样式"选项

　　● 大小：单击该选项，可以在文本框中输入具体的数值设置字体的大小，字体大小的单位值是点(pt)，与当前标尺的单位无关。

　　● 间距：用于设置所选字符或文本的间距，单击该选项，在文本框中输入数值，会在字符之间插入统一数量的空格，从而达到编辑文本的具体要求。

　　● 填充：单击该选项中的色块■，在弹出的面板中可以选择字体的颜色。另外，还可以在面板左上角的文本框中输入颜色的十六进制值，这里可以设置的颜色只能是纯色。

　　● 呈现：单击该选项右侧的下拉按钮，弹出下拉列表框，如图5-38所示。选择其中某一个选项，可以对选择的每个文本字段应用锯齿消除，而不是每个字符。另外，还应注意的是，在Animate 2022中打开现有FLA文件时，文本并不会自动更新为使用"可读性消除锯齿"选项；如果要使用"可读性消除锯齿"选项，必须选择各个文本字段，然后手动更改消除锯齿设置。

图5-38　"样式"选项

　　● "可选"按钮■：用于设置生成的SWF文件中的文本能否被用户通过鼠标进行选择和复制。因为静态文本常用于展示信息，出于对内容的保护，一般情况下，该选项默认为不可选状态，而动态文本则默认为可选状态，但是输入文本不能对该属性进行设置。

　　● "将文本呈现为HTML"按钮■：用于决定动态文本框中的文本能否使用HTML格式，适用于动态文本和输入文本，不适用静态文本。

　　● "在文本周围显示边框"按钮■：单击该按钮，系统会根据设置的边框大小，在字体背景上显示一个白底不透明的文本框，适用于动态文本和输入文本，不适用静态文本。

　　● "切换上标"按钮■：单击该按钮，可以将文本放置在基线之上（水平文本）或基线的右侧（垂直文本）。

　　● "切换下标"按钮■：单击该按钮，可以将文本放置在基线之下（水平文本）或基线的左侧（垂直文本）。

案例36 文字遮罩：制作闪烁文字动画

通过设置Alpha值制作矩形元件的闪烁效果，运用遮罩动画制作闪烁文字效果，通过本案例读者可掌握元件"色调"的设置和遮罩动画的制作方法。图5-39为制作闪烁文字动画的流程图。

教学视频

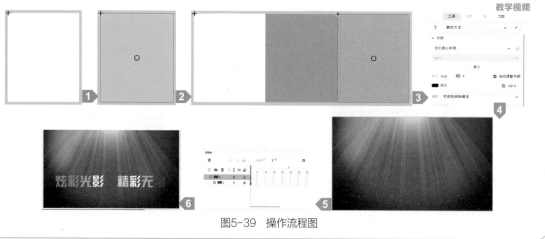

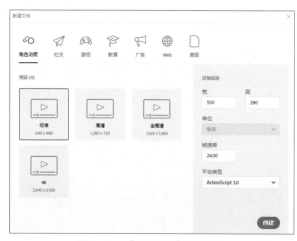

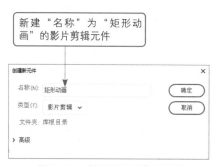

图5-39 操作流程图

案例 重点

- 掌握设置元件色调属性的方法
- 掌握遮罩动画的制作方法

案例 步骤

01 → 执行"文件">"新建"命令，弹出"新建文档"对话框，设置如图5-40所示。单击"创建"按钮，新建文件，将"舞台颜色"设置为"粉色"。

02 → 执行"插入">"新建元件"命令，弹出"创建新元件"对话框，新建影片剪辑元件，设置如图5-41所示。

图5-40 "新建文档"对话框

新建"名称"为"矩形动画"的影片剪辑元件

图5-41 "创建新元件"对话框

03 → 选择"矩形工具"，设置"笔触颜色"为无，"填充颜色"为白色，在舞台中绘制"宽"为34像素、"高"为40像素的矩形，如图5-42所示。将矩形转换成元件，如图5-43所示。

04 → 分别在第10、20、30和40帧按F6键插入关键帧，设置第10帧和第30帧元件的Alpha值为0%，如图5-44所示。在第1、10、20、30帧位置创建传统补间动画，在第210帧按F5键插入帧，如图5-45所示。

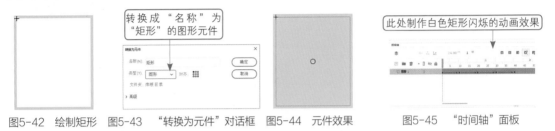

图5-42 绘制矩形　图5-43 "转换为元件"对话框　图5-44 元件效果　图5-45 "时间轴"面板

05 → 新建"名称"为"整体矩形"的"影片剪辑"元件，如图5-46所示。在第35帧按F6键插入关键帧，将"矩形动画"元件从"库"面板拖入舞台中，在第80帧按F5键插入帧，如图5-47所示。

图5-46 "创建新元件"对话框　　　　　图5-47 拖入元件

06 → 新建"图层2"，在第20帧按F6键插入关键帧，将"矩形动画"元件拖入舞台中，设置其"色调"属性，如图5-48所示。新建"图层3"，在第10帧按F6键插入关键帧，将"矩形动画"元件拖入舞台中，设置其"色调"属性，如图5-49所示。根据制作"图层2"和"图层3"的方法，制作其他图层，如图5-50所示。

图5-48 场景效果1　　　　　　　　图5-49 场景效果2

07 → 新建"名称"为"遮罩动画"的"影片剪辑"元件，将"整体矩形"元件从"库"面板拖入舞台中，并调整至合适的位置，如图5-51所示。

图5-50 场景效果3　　　　　　　　图5-51 拖入元件

08 → 新建"图层2"，选择"文本工具"，在"属性"面板中对文字属性进行设置，在舞台中输入文本，如图5-52所示。执行"修改">"分离"命令两次，将文本分离成图形，并将"图层2"设置为"遮罩层"，创建遮罩动画，如图5-53所示。

通过遮罩实现文字的不同颜色闪烁效果

图5-52 输入文本

图5-53 创建遮罩动画

09 → 返回"场景1"编辑状态，导入素材图像"素材\第5章\3601.jpg"，如图5-54所示。新建"图层2"，将"遮罩动画"元件从"库"面板拖入场景中，并调整至合适的大小和位置，如图5-55所示。

10 → 完成动画制作，执行"文件">"保存"命令，将文件保存为"源文件\第5章\案例36.fla"，按快捷键Ctrl+Enter，测试动画效果，如图5-56所示。

将元件拖入舞台中，只显示该元件第1帧上的效果

图5-54 导入素材 　　图5-55 拖入元件 　　　　图5-56 测试动画效果

案例37　引导线：制作炫彩光点文字动画

本案例利用引导层制作正圆形的不规则运动动画，运用脚本语言复制多个不同的动画效果，最终实现炫彩光点文字动画效果，通过该例读者可掌握引导层动画的创建方法和ActionScript脚本的编写方法。图5-57为制作炫彩光点文字动画的流程图。

教学视频

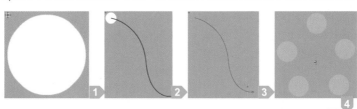

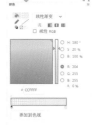

图5-57 操作流程图

案例 重点

● 掌握引导层动画的制作方法　　● 掌握遮罩动画的制作方法
● 掌握输入文本并分离文本的方法　● 掌握渐变颜色的填充方法

案例 步骤

01 → 执行"文件">"新建"命令，弹出"新建文档"对话框，设置如图5-58所示。单击"创建"按钮，新建文件，设置"舞台颜色"为"灰色"。

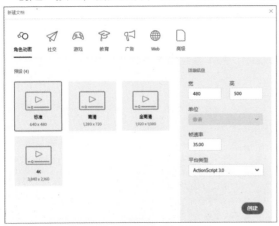

图5-58　"新建文档"对话框

02 → 执行"插入">"新建元件"命令，弹出"创建新元件"对话框，新建影片剪辑元件，设置如图5-59所示。

新建"名称"为"圆形动画1"的影片剪辑元件

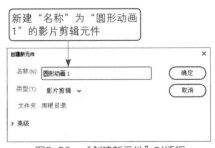

图5-59　"创建新元件"对话框

03 → 选择"椭圆工具"，设置"笔触颜色"为无，"填充颜色"为#FFFFFF，在舞台中按住Shift键拖曳鼠标，绘制正圆形，如图5-60所示。将该图形转换成图形元件，如图5-61所示。

图5-60　绘制图形

图5-61　"转换为元件"对话框

提示

　　图形元件可用于静态图像，也可用于创建连接到主时间轴的可重用的动画片段。由于没有时间轴，图形元件在FLA文件中的尺寸小于按钮或影片剪辑。

04 → 分别在第10帧和第50帧按F6键插入关键帧，在"图层1"上右击，在弹出的快捷菜单中选择"添加传统运动引导层"命令，为"图层1"添加传统运动引导层，如图5-62所示。使用"钢笔工具"在舞台中绘制曲线路径，如图5-63所示。

在图层名称上右击，在弹出的快捷菜单中选择该命令

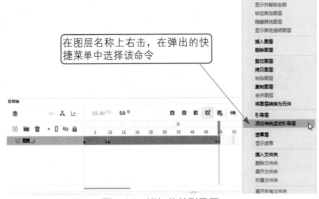

图5-62　添加传统引导层

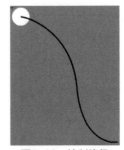

图5-63　绘制路径

05 → 选择"图层1"第1帧上的元件，设置其Alpha值为20%，如图5-64所示。选择第10帧上的元件，设置其Alpha值为80%，并调整元件的位置，如图5-65所示。

06 → 选择第50帧上的元件，设置其Alpha值为0%，并调整元件的位置，元件的中心点必须与引导路径的端点相重合，分别在第1帧和第10帧创建传统补间动画，如图5-66所示。在"引导层：图层1"上方新建"图层3"，在第50帧按F6键插入关键帧，在"动作"面板中输入脚本代码，如图5-67所示。

图5-64　元件效果1

图5-65　元件效果2

图5-66　元件效果3

图5-67　输入脚本代码

07 → 根据制作"圆形动画1"元件的方法，制作"圆形动画2""圆形动画3""圆形动画4"和"圆形动画5"元件，如图5-68所示。

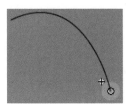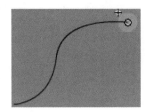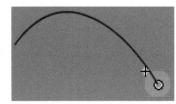
图5-68　其他元件的效果

08 → 新建"名称"为"光点动画"的"影片剪辑"元件，将"圆形动画1"元件拖入舞台中，设置其"实例名称"为p1，在第50帧按F5键插入帧，如图5-69所示。使用相同的方法，将其他元件从"库"面板拖入舞台中，分别调整至合适的位置，并为各个元件依次设置实例名称，如图5-70所示。

09 → 返回"场景1"编辑状态，导入素材图像"素材\第5章\3701.jpg"，在第140帧按F5键插入帧，如图5-71所示。新建"图层2"，在第20帧按F6键插入关键帧，选择"矩形工具"，打开"颜色"面板，设置线性渐变颜色，如图5-72所示。

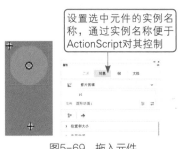
图5-69　拖入元件

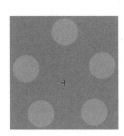
图5-70　元件效果

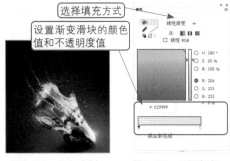
图5-71　导入素材

图5-72　设置渐变

10 → 在舞台中绘制矩形并调整渐变填充，选中绘制的矩形，将其转换成"名称"为"渐变矩形"的"图形"元件，如图5-73所示。在第70帧按F6键插入关键帧，将第20帧上的元件水平向左移动，在第20帧创建传统补间动画，如图5-74所示。

图5-73　绘制矩形

图5-74　调整位置

11 → 新建"图层3"，在第20帧按F6键插入关键帧，选择"文本工具"，在"属性"面板中设置文字字体、字号和字体颜色，在舞台中输入文字，如图5-75所示。执行"修改">"分离"命令两次，将文本分离成图形，将"图层3"设置为"遮罩层"，创建遮罩动画，如图5-76所示。

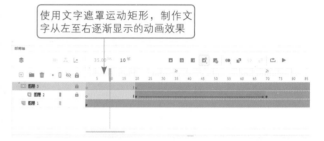

图5-75　输入文字

图5-76　"时间轴"面板

提示

遮罩动画允许文字作为遮罩图层，但是由于字体在不同的硬件设备中会有所变化，所以使用文字作为遮罩层时，需要将文字分离为图形。

12 → 新建"图层4"，在第10帧按F6键插入关键帧，将"光点动画"元件从"库"面板拖入场景中，并在"属性"面板中设置"实例名称"为pointMc，如图5-77所示。在第65帧按F6键插入关键帧，将该帧上的元件水平向右移动，调整至合适的位置，在第10帧创建传统补间动画，如图5-78所示。

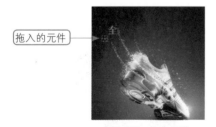

图5-77　拖入元件

图5-78　移动元件

13 → 在第66帧按F7键插入空白关键帧，"时间轴"面板如图5-79所示。打开"库"面板，可以看到本例制作的所有元件，如图5-80所示。

14 → 完成动画制作，执行"文件">"保存"命令，将文件保存为"源文件\第5章\案例37.fla"，按快捷键Ctrl+Enter，测试动画效果，如图5-81所示。

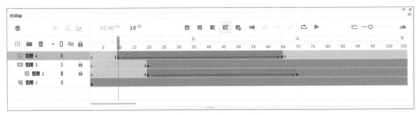

图5-79　"时间轴"面板

图5-80　所有元件

图5-81　测试动画效果

案例38　按钮状态：制作图像翻转按钮动画

本案例的目的是使读者掌握按钮4个基本状态的作用。按钮元件中的4帧分别对应按钮的4种状态，可以在不同状态制作不同的按钮效果。图5-82为制作图像翻转按钮动画的流程图。

教学视频

图5-82　操作流程图

案例　重点

- 掌握按钮元件的创建方法
- 理解按钮元件4帧的状态

案例　步骤

01→ 执行"文件">"新建"命令，弹出"新建文档"对话框，设置如图5-83所示。单击"创建"按钮，新建文件，将"舞台颜色"设置为"蓝色"。

02→ 执行"插入">"新建元件"命令，弹出"创建新元件"对话框，新建按钮元件，设置如图5-84所示。

03→ 导入素材图像"素材\第5章\3801.jpg"，调整至合适的位置，如图5-85所示。在"指针经过"帧按F7键插入空白关键帧，导入素材图像"素材\第5章\3802.jpg"，调整至合适的位置，如图5-86所示。

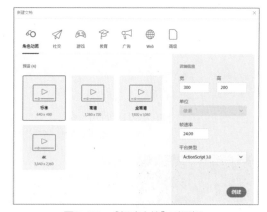

新建"名称"为"按钮"的按钮元件

图5-83 "新建文档"对话框 　　　　　图5-84 "创建新元件"对话框

图5-85 导入素材1 　　　　　　　　　图5-86 导入素材2

04 → 在"按下"帧按F6键插入关键帧，将该帧上的图像等比例缩小一些，如图5-87所示。在"点击"帧按F7键插入空白关键帧，使用"矩形工具"在舞台中绘制矩形，如图5-88所示。

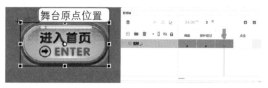

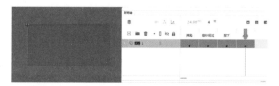

图5-87 等比例缩小图像 　　　　　　　图5-88 绘制矩形

提示

　　按钮元件能够实现根据鼠标单击、滑动等动作触发指定的效果，如在鼠标滑过按钮时按钮变暗或者变大甚至播放动画等效果。按钮元件是由4帧的交互影片剪辑组成的，当元件选择按钮行为时，Animate会创建一个4帧的时间轴。前3帧显示按钮的3种可能的状态，第4帧定义按钮的活动区域。时间轴实际上并不播放，它只是对指针运动和动作做出反应，跳到相应的帧。

05 → 返回"场景1"编辑状态，将"按钮"元件拖入舞台中并调整至合适的位置，如图5-89所示。

06 → 完成按钮动画制作，执行"文件">"保存"命令，将文件保存为"源文件\第5章\案例38.fla"，按快捷键Ctrl+Enter，测试动画效果，如图5-90所示。

图5-89 拖入元件 　　　　　　　图5-90 测试动画效果

知识　拓展

● 影片剪辑元件📷：指一个独立的小影片，可以包含交互控制和音效，甚至能包含其他影片剪辑。

● 按钮元件🖰：用于在影片中创建对鼠标事件（如单击和滑过）响应的互动按钮，制作按钮首先要制作与不同的按钮状态相关联的图形。为了使按钮有更好的效果，还可以在其中加入影片剪辑或音效文件。

● 图形元件◆：用于存放静态的图像，还能用于创建动画，在动画中也可以包含其他元件，但是不能加上交互控制和声音效果。

案例39　**按钮元件：制作基础按钮动画**

　　Animate按钮是用户可以直接与Animate动画进行交互的途径，按钮元件是Animate按钮动画制作中经常使用到的元件，通过按钮元件可以更好地体现按钮的不同状态。本案例的目的是使读者更好地理解按钮元件并掌握传统补间动画的制作方法。图5-91为制作基础按钮动画的流程图。

教学视频

图5-91　操作流程图

案例　重点

● 掌握图形的绘制方法
● 掌握传统补间动画的制作方法

● 掌握元件属性的设置方法
● 理解按钮元件各帧的作用

案例　步骤

01 → 执行"文件" > "新建"命令，弹出"新建文档"对话框，设置如图5-92所示。单击"创建"按钮，新建文件，设置"舞台颜色"为"灰色"。

02 → 执行"插入" > "新建元件"命令，弹出"创建新元件"对话框，新建图形元件，设置如图5-93所示。

提示

　　在制作按钮元件时，除了可以使用图形直接创建按钮的各种状态外，也可以使用图形元件和影片剪辑元件，而且使用影片剪辑元件使按钮元件的效果更加百变。

03 → 选择"椭圆工具"，在舞台中绘制椭圆形并填充线性渐变，再使用"任意变形工具"对椭圆形进行调整，绘制星形的效果，如图5-94所示。使用相同的方法，创建其他图形元件，并绘制需要的一些图形，如图5-95所示。

新建"名称"为"光晕1"的图形元件

图5-92　"新建文档"对话框　　　　　　　　　图5-93　"创建新元件"对话框

04 → 新建"名称"为"光晕"的"影片剪辑"元件，将"光晕1"元件拖入舞台中，调整至合适的大小和位置并进行旋转操作，设置其Alpha值为0%，如图5-96所示。在第26帧按F6键插入关键帧，将该帧上的元件等比例放大一些，并进行旋转操作，设置该帧上元件的"样式"为无，如图5-97所示。

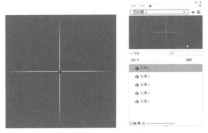

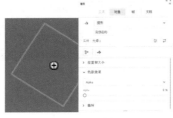

设置元件的"样式"属性为"无"，表示不对元件设置任何效果

图5-94　绘制星形　图5-95　"库"面板　　　图5-96　元件效果1　　　　图5-97　元件效果2

05 → 在第60帧按F6键插入关键帧，将该帧上的元件等比例缩小，并进行旋转操作，设置该帧上元件的Alpha值为0%。分别在第1帧和第26帧创建传统补间动画，如图5-98所示。使用相同的方法，完成其他图层上的光晕动画制作，如图5-99所示。

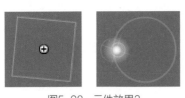

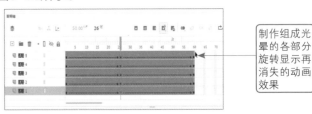

制作组成光晕的各部分旋转显示再消失的动画效果

图5-98　元件效果3　　　　　　　　　图5-99　元件效果4

提示

　　元件是一些可以重复使用的图像、动画或者按钮，它们被保存在"库"面板中。如果将元件比喻成图纸，实例就是依照图纸生产的产品，依照一张图纸可以生产多个产品。同样，一个元件可以在舞台上拥有多个实例。当修改一个元件时，舞台上所有的实例都会发生相应的变化。

06 → 新建"名称"为"矩形"的"图形"元件，选择"矩形工具"，打开"颜色"面板，设置从Alpha值为40%的白色到Alpha值为0%的白色的线性渐变，在舞台中绘制矩形，如图5-100所示。

07 → 新建"名称"为"过光动画"的"影片剪辑"元件，将"矩形"元件拖入舞台中，并进行相应的变换操作，如图5-101所示。在第44帧按F6键插入关键帧，将该帧上的元件向右移动，在第1帧创建传统补间动画，如图5-102所示。在第107帧按F5键插入帧。新建"图层2"，在舞台中绘制一个矩形，并对该矩形的形状进行调整，如图5-103所示。将"图层2"设置为遮罩层，创建遮罩动画，如图5-104所示。

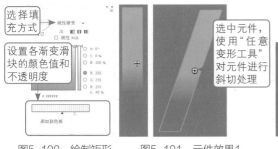

图5-100　绘制矩形　　图5-101　元件效果1　　图5-102　元件效果2　　图5-103　绘制图形

08 → 新建"图层3"，在第47帧按F6键插入关键帧，将"光晕"元件拖入舞台中并调整至合适的位置，如图5-105所示。

图5-104　元件效果1　　　　　　　　　　图5-105　元件效果2

09 → 新建"名称"为"按钮"的"按钮"元件，如图5-106所示。导入素材图像"素材\第5章\3901.jpg"，如图5-107所示。

图5-106　"创建新元件"对话框　　　　　　图5-107　导入素材

10 → 在"点击"帧按F5键插入帧；新建"图层2"，在"指针经过"帧按F6键插入关键帧，将"过光动画"元件拖入舞台中；在"按下"帧按F7键插入空白关键帧，如图5-108所示。

11 → 返回"场景1"编辑状态，在"库"面板中将"按钮"元件拖入舞台中，并调整至合适的位置，如图5-109所示。

图5-108　拖入元件　　　　　　　　　　图5-109　元件效果

提示

按钮的点击状态控制的是按钮的反应区范围，可以放置元件，也可以为空。如果制作时没有对点击状态进行设置，则默认为前3个状态的范围。

12 → 完成按钮动画制作，执行"文件">"保存"命令，将文件保存为"源文件\第5章\案例39.fla"，按快捷键Ctrl+Enter，测试动画效果，如图5-110所示。

图5-110　测试动画效果

案例40　按钮交互：制作游戏按钮动画

本案例制作一个游戏按钮动画，在制作过程中首先在各影片剪辑元件中制作按钮各部分的动画效果，通过遮罩动画制作按钮文字动画效果，最后通过按钮元件制作整个游戏按钮效果。本案例的目的是使读者掌握按钮元件和复杂按钮动画的制作方法。图5-111为制作游戏按钮动画的流程图。

教学视频

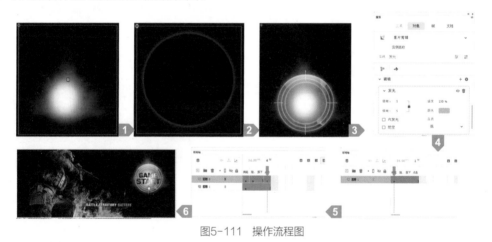

图5-111　操作流程图

案例　重点

- 掌握按钮的交互方法
- 掌握按钮元件的多种运用

案例　步骤

01 → 执行"文件">"新建"命令，弹出"新建文档"对话框，设置如图5-112所示。单击"创建"按钮，新建文件，设置"舞台颜色"为"黑色"。

02 → 执行"插入">"新建元件"命令，弹出"创建新元件"对话框，新建影片剪辑元件，设置如图5-113所示。

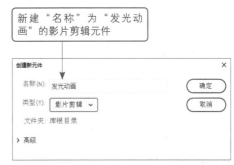

新建"名称"为"发光动画"的影片剪辑元件

图5-112 "新建文档"对话框　　　　图5-113 "创建新元件"对话框

提示

影片剪辑可以和其他元件一起使用，也可以单独地放在场景中使用。例如，可以将影片剪辑元件放置在按钮的一个状态中，创造具有动画效果的按钮。影片剪辑与常规的时间轴动画最大的不同在于：常规的动画使用大量的帧和关键帧，而影片剪辑只需要在主时间轴上拥有一个关键帧就能够运行。

03 → 导入素材图像"素材\第5章\4002.png"，将该图像转换成"名称"为"发光"的"影片剪辑"元件，如图5-114所示。选择该元件，在"属性"面板中为其添加"发光"滤镜，分别在第30帧和第60帧按F6键插入关键帧，如图5-115所示。

04 → 选择第30帧上的元件，在"属性"面板中设置其滤镜选项，分别在第1帧和第30帧创建传统补间动画，如图5-116所示。新建"名称"为"光圈动画"的"影片剪辑"元件，导入素材图像"素材\第5章\4005.png"，如图5-117所示。

图5-114 导入素材　图5-115 添加"发光"滤镜　　图5-116 元件效果　　　图5-117 导入素材

05 → 将导入的图像转换成"名称"为"光圈"的"图形"元件。选择该元件，将该元件等比例缩小一些，如图5-118所示。在第15帧按F6键插入关键帧，将该帧上的元件等比例放大一些。在第30帧按F6键插入关键帧，设置该帧上元件的Alpha值为0%，分别在第1帧和第15帧创建传统补间动画，如图5-119所示。

06 → 新建"名称"为"按钮背景动画"的"影片剪辑"元件，导入素材图像"素材\第5章\4001.png"，如图5-120所示。新建"图层2"，将"发光动画"元件拖入舞台中。新建"图层

117

3"，导入素材图像"素材\第5章\4003.png"，如图5-121所示。使用相同的方法，完成该元件效果的制作，如图5-122所示。

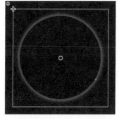
图5-118　元件效果1

图5-119　元件效果2

图5-120　导入素材

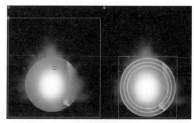
图5-121　拖入元件并导入素材

07 → 新建"名称"为"文字过光动画"的"影片剪辑"元件，导入素材图像"素材\第5章\4007.png"，调整其在舞台的位置，如图5-123所示。

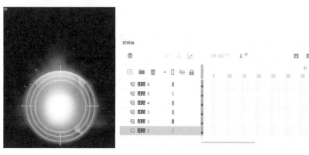
图5-122　元件效果

图5-123　导入素材

08 → 选择导入的图像，将其转换成"名称"为"按钮文字"的"图形"元件，在第95帧按F5键插入帧，如图5-124所示。新建"图层2"，使用"矩形工具"在舞台中绘制一个矩形，并为该矩形填充线性渐变，进行相应的旋转操作，如图5-125所示。

图5-124　"转换为元件"对话框

图5-125　绘制矩形

09 → 分别在第35帧和第70帧按F6键插入关键帧，选择第35帧上的图形，调整该帧上图形的位置，分别在第1帧和第35帧位置创建补间形状动画，如图5-126所示。新建"图层3"，导入素材图像"素材\第5章\4008.png"，按快捷键Ctrl+B将图像分离，使用"魔术棒工具"将图像多余部分删除，如图5-127所示。将"图层3"设置为遮罩层，创建遮罩动画，如图5-128所示。

图5-126　调整位置

图5-127　处理文字

10 → 新建"名称"为"游戏按钮"的"按钮"元件，将"按钮背景动画"元件拖入舞台中，在"点击"帧按F5键插入帧，如图5-129所示。

通过遮罩动画制作文字过光动画效果

图5-128　场景效果

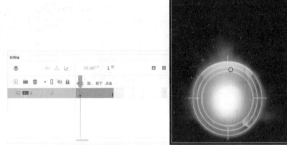

图5-129　拖入元件

提 示

用户可以在遮罩层、被遮罩层中分别或同时使用补间形状动画、补间动画、传统补间动画、引导层动画等动画手段，从而使遮罩动画变成一个可以施展无限想象力的创作空间。

11 → 新建"图层2"，将"按钮文字"元件拖入舞台中。在"指针经过"帧按F7键插入空白关键帧，将"文字过光动画"元件拖入舞台中，如图5-130所示。在"点击"帧按F7键插入空白关键帧，使用"椭圆工具"在该帧上绘制一个正圆形，如图5-131所示。

图5-130　元件效果

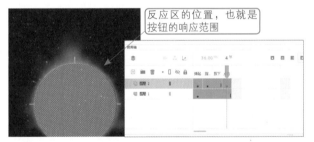

反应区的位置，也就是按钮的响应范围

图5-131　绘制正圆形

提 示

对于动画来说，反应区只是一个为了添加脚本的工具，所以在同一个动画中，可以多次使用此按钮元件，并分别添加脚本。

12 → 返回"场景1"编辑状态，导入素材图像"素材\第5章\4009.png"，如图5-132所示。新建"图层2"，将"游戏按钮"元件从"库"面板拖入场景中，如图5-133所示。

图5-132　导入素材

图5-133　拖入元件

13 → 完成按钮动画制作，执行"文件">"保存"命令，将文件保存为"源文件\第5章\案例40.fla"，按快捷键Ctrl+Enter，测试动画效果，如图5-134所示。

图5-134　测试动画效果

第6章

应用声音和视频

Animate动画之所以生动形象、趣味性强，是因为它应用了大量的资源，如图像、声音和视频等，图像文件可以增强画面的效果，而声音和视频作为多媒介手段可以增强动画的感染力，升华作品的意境。本章将介绍在Animate动画中应用声音和视频的方法。

案例41

音频：为动画添加音效

本案例制作一个卡通动画效果，并且通过相关声音的配合，使Animate动画更加具有画面感，通过本案例可以让读者掌握在Animate中导入声音的方法。图6-1是为动画添加音效的流程图。

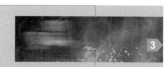

图6-1　操作流程图

案例 **重点**

- 掌握传统补间动画的制作方法
- 掌握导入声音文件的方法
- 掌握"混合"选项的设置方法
- 掌握为动画添加音频的方法

案例 **步骤**

01 → 执行"文件">"新建"命令，弹出"新建文档"对话框，对相关选项进行设置，如图6-2所示。单击"创建"按钮，新建文件。

02 → 执行"插入">"新建元件"命令，弹出"创建新元件"对话框，新建图形元件，设置如图6-3所示。

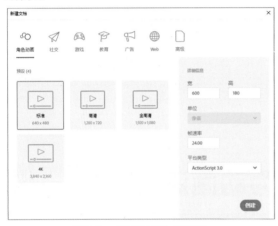

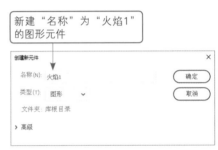

新建"名称"为"火焰1"的图形元件

图6-2 "新建文档"对话框 图6-3 "创建新元件"对话框

03 → 使用Animate中的绘图工具，在舞台中绘制火焰图形，如图6-4所示。使用相同的方法，新建"火焰2"至"火焰4"元件，并分别绘制不同形状的火焰图形，便于后面制作火焰的逐帧动画效果，如图6-5所示。

04 → 执行"插入">"新建元件"命令，弹出"创建新元件"对话框，新建影片剪辑元件，设置如图6-6所示。从"库"面板将"火焰1"元件拖入舞台中，如图6-7所示。

图6-4 绘制图形 图6-5 绘制其他元件中的图形 图6-6 "创建新元件"对话框 图6-7 拖入元件

05 → 在第5帧按F7键插入空白关键帧，从"库"面板将"火焰2"元件拖入舞台中，并调整至合适的位置，如图6-8所示。使用相同的方法，分别在第9帧和第13帧按F7键插入空白关键帧，分别将"火焰3"和"火焰4"元件拖入舞台中，在第16帧按F5键插入帧，如图6-9所示。使用相同的方法，制作其他一些元件效果，如图6-10所示。

06 → 返回"场景1"编辑状态，执行"文件">"导入">"导入到舞台"命令，导入素材图像"素材\第6章\4101.jpg"，在第40帧按F5键插入帧，如图6-11所示。

07 → 新建"图层2"，导入素材图像"素材\第6章\4102.png"，并调整至合适的位置，如图6-12所示。执行"修改">"转换为元件"命令，将其转换成"名称"为"人物模糊"的"图形"元件，如图6-13所示。

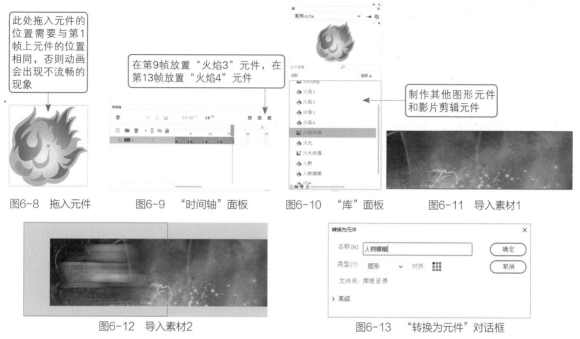

此处拖入元件的位置需要与第1帧上元件的位置相同，否则动画会出现不流畅的现象

在第9帧放置"火焰3"元件，在第13帧放置"火焰4"元件

制作其他图形元件和影片剪辑元件

图6-8　拖入元件　　　　图6-9　"时间轴"面板　　　　图6-10　"库"面板　　　　图6-11　导入素材1

图6-12　导入素材2　　　　　　　　图6-13　"转换为元件"对话框

08 → 在第10帧按F6键插入关键帧，将该帧上的元件向右移动，如图6-14所示。在第15帧按F6键插入关键帧，设置该帧上元件的Alpha值为0%，分别在第1帧和第10帧创建传统补间动画，如图6-15所示。

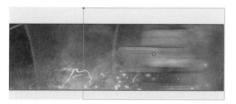
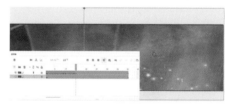

图6-14　向右移动元件　　　　　　　　图6-15　创建动画

09 → 新建"图层3"，在第10帧按F6键插入关键帧，导入素材"素材\第6章\4103.png"，并调整至合适的位置，如图6-16所示。执行"修改">"转换为元件"命令，将其转换成"名称"为"人物"的"图形"元件，如图6-17所示。

图6-16　导入素材　　　　　　　　图6-17　"转换为元件"对话框

10 → 在第15帧按F6键插入关键帧，选择第10帧上的元件，设置其Alpha值为0%，如图6-18所示。在第10帧创建传统补间动画，"时间轴"面板如图6-19所示。

11 → 新建"图层4"，在第20帧按F6键插入关键帧，将"火焰动画"元件拖入舞台中，如图6-20所示。分别在第25帧和第30帧按F6键插入关键帧，选择第20帧上的元件，设置其Alpha值为0%，如图6-21所示。选择第25帧上的元件，将其等比例放大一些，如图6-22所示。分别在第20帧和第25帧创建传统补间动画。

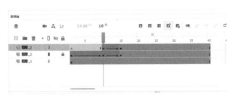

图6-18　元件Alpha值为0%的效果　　　　　　图6-19　"时间轴"面板

图6-20　拖入元件　　　　　　图6-21　元件效果　　　　　　图6-22　放大元件

(12) → 将"图层4"调整至"图层3"下方，新建"图层5"，在第20帧按F6键插入关键帧，将"火焰动画"元件拖入舞台中，设置其"混合"选项为"叠加"，如图6-23所示。根据"图层4"的制作方法，完成"图层5"上的动画效果制作，"时间轴"面板如图6-24所示。

提示

在Animate中，混合是一种元件的属性，并且只对影片剪辑元件起作用，使用混合模式可以混合重叠影片剪辑中的颜色，通过各个选项的设置，能够创造别具一格的视觉效果，从而能够为动画的效果增添不少色彩。

设置"混合"选项为"叠加"，可以复合或过滤颜色，结果颜色取决于基准颜色

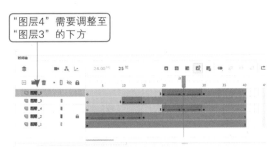

"图层4"需要调整至"图层3"的下方

图6-23　拖入元件并设置　　　　　　图6-24　"时间轴"面板

(13) → 新建"图层6"，在第30帧按F6键插入关键帧，从"库"面板将"火光动画"元件拖入舞台中，并调整至合适的位置，如图6-25所示。在第35帧按F6键插入关键帧，选择第30帧上的元件，设置其Alpha值为0%，在第30帧创建传统补间动画，如图6-26所示。

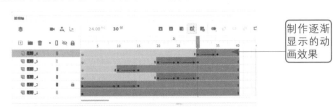

制作逐渐显示的动画效果

图6-25　拖入元件　　　　　　图6-26　"时间轴"面板

(14) → 新建"图层7"，在第40帧按F6键插入关键帧，将"闪光动画"元件拖入舞台中，并调

整至合适的位置，如图6-27所示。执行"文件">"导入">"导入到库"命令，在弹出的对话框中选择需要导入的声音文件，如图6-28所示。单击"打开"按钮，即可将选择的声音文件导入"库"面板中，如图6-29所示。

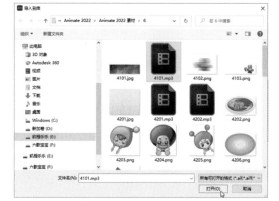

在"库"面板中选择声音文件，可以在预览窗口中看到声音波形

| 图6-27 拖入元件 | 图6-28 "导入到库"对话框 | 图6-29 "库"面板 |

提示

音频是一个优秀动画作品中必不可少的重要元素之一，在Animate动画中导入音频可以使动画效果更加丰富，起到很大的烘托作用，使动画作品增色不少。

15 → 新建"图层8"，在第20帧按F6键插入关键帧，在"属性"面板的"名称"下拉列表中选择刚导入"库"面板中的声音，如图6-30所示。在第40帧按F6键插入关键帧，按F9打开"动作"面板，输入脚本代码stop();，"时间轴"面板如图6-31所示。

添加声音后，可以在时间轴中看到声音波形

选择需要为影片添加的声音

设置声音在动画中进行循环播放

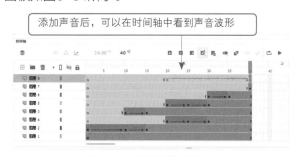

| 图6-30 设置声音选项 | 图6-31 "时间轴"面板 |

16 → 完成动画制作，执行"文件">"保存"命令，将文件保存为"源文件\第6章\案例41.fla"，按快捷键Ctrl+Enter，测试动画效果，如图6-32所示。

图6-32 测试动画效果

知识 拓展

在Animate中，通过执行"文件">"导入"命令，可以将外界各种类型的声音文件导入动画场

景中，在Animate中支持被导入的音频文件格式见表6-1。如果系统中安装了QuickTime 4或更高版本，则可以导入表6-2中的音频文件格式。

表6-1 音频文件格式

文件格式	适用环境
ASND	Windows 或 Macintosh
WAV	Windows
AIFF	Macintosh
MP3	Windows 或 Macintosh

表6-2 支持的音频文件格式

文件格式	适用环境
AIFF	Windows 或 Macintosh
Sound Designer® II	Macintosh
QuickTime 影片	Windows 或 Macintosh
Sun AU	Windows 或 Macintosh
System 7 声音	Macintosh
WAV	Windows 或 Macintosh

提示

　　ASND格式是Adobe Soundbooth的本机音频文件格式，具有非破坏性。ASND文件可以包含应用了效果的音频数据(可对效果进行修改)、Soundbooth多轨道会话和快照(允许恢复到ASND文件的前一状态)。

　　由于音频文件本身比较大，为了避免占用较大的磁盘空间和内存，在制作动画时尽量选择效果相对较好、文件较小的声音文件。MP3音频数据是经过压缩处理的，所以比WAV或AIFF文件小。如果使用WAV或AIFF文件，要使用16位22kHz单声，如果要向Animate中添加音频效果，最好导入16位音频。当然，如果内存有限，就尽可能地使用较短的音频文件或使用8位音频文件。

案例42　多声音：添加背景音乐

　　本案例制作一个卡通网站欢迎动画，主要使用基础的传统补间动画方式制作动画效果，在动画中加入背景音乐，使该动画更加吸引浏览者，增加浏览者的好奇心和关注度。图6-33为添加背景音乐的流程图。

教学视频

图6-33　操作流程图

- 掌握传统补间动画的制作方法
- 掌握导入声音文件的方法
- 掌握为动画添加多个声音的方法

01 → 执行"文件">"新建"命令，弹出"新建文档"对话框，对相关选项进行设置，如图6-34所示。单击"创建"按钮，新建文件。

02 → 执行"文件">"导入">"导入到舞台"命令，导入素材图像"素材\第6章\4201.jpg"，在第90帧按F5键插入帧，如图6-35所示。

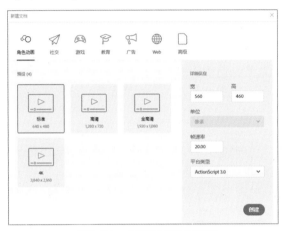

图6-34 "新建文档"对话框

图6-35 导入素材1

03 → 新建"图层2"，导入素材图像"素材\第6章\4206.png"，将其转换成"名称"为"椭圆"的"图形"元件，并调整至合适的位置，如图6-36所示。在第15帧按F6键插入关键帧，选择第1帧上的元件，将其等比例缩小，在第1帧创建传统补间动画，如图6-37所示。

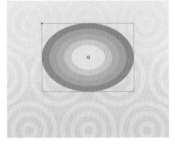

图6-36 导入素材2

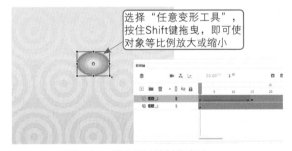

选择"任意变形工具"，按住Shift键拖曳，即可使对象等比例放大或缩小

图6-37 缩小元件并创建动画

提示

执行"窗口">"变形"命令，打开"变形"面板，在该面板中可以输入相应的数值，从而对元件或图形的尺寸进行精确调整。

04 → 导入音频文件"素材\第6章\4201.mp3"，选择"图层2"的第1帧，在"属性"面板的"名称"下拉列表中选择刚导入的声音文件，如图6-38所示。"时间轴"面板如图6-39所示。

选择需要为影片添加的声音

设置声音在Animate动画中只播放一次

图6-38 设置声音选项

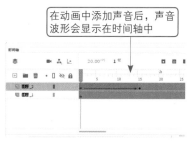

在动画中添加声音后，声音波形会显示在时间轴中

图6-39 "时间轴"面板

提示

Animate中包括两种声音类型：事件音频和流式音频(音频流)。

事件音频：必须全部下载完毕才能开始播放，并且是连续播放，直到接收到明确的停止命令。可以将事件音频用作单击按钮的音频，也可以将其作为循环背景音乐。

流式音频：只要下载了一定的帧数，就可以立即开始播放，而且音频的播放可以与时间轴上的动画保持同步。

05 → 新建"图层3"，在第30帧按F6键插入关键帧，导入素材图像"素材\第6章\4210.png"，并将其转换成"名称"为"彩条1"的"图形"元件，并调整至合适的位置，如图6-40所示。在第40帧按F6键插入关键帧，将该帧上的元件向右上方移动，在第30帧创建传统补间动画，如图6-41所示。

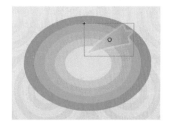

图6-40 导入素材

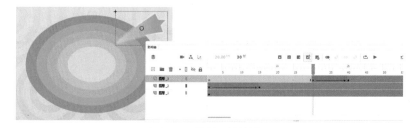

图6-41 调整元件位置

06 → 使用相同的方法，制作"图层4"至"图层8"上的动画效果，场景效果如图6-42所示。"时间轴"面板如图6-43所示。

导入其他图像并转换为元件，分别制作各元件向不同方向移动的动画效果

图6-42 场景效果

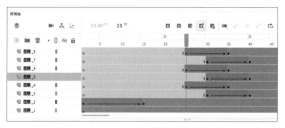

图6-43 "时间轴"面板

07 → 新建"图层9"，在第5帧按F6键插入关键帧，导入素材图像"素材\第6章\4202.png"，将其转换成"名称"为"椭圆图形"的"图形"元件，并调整至合适的位置，如图6-44所示。分别在第15帧和第20帧按F6键插入关键帧，选择第5帧上的元件，使用"任意变形工具"将该帧上的元件等比例缩小并向上移动，如图6-45所示。

08 → 选择第15帧上的元件，将该帧上的元件向下移动，如图6-46所示。分别在第5帧和第15帧创建传统补间动画，如图6-47所示。

图6-44　导入素材

图6-45　缩小元件并移动

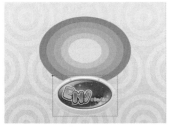

图6-46　向下移动元件

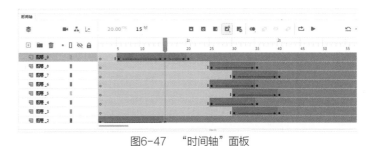

图6-47　"时间轴"面板

09 → 新建"图层10"，在第20帧按F6键插入关键帧，导入素材图像"素材\第6章\4205.png"，将其转换成"名称"为"卡通人1"的"图形"元件，并调整至合适的位置，如图6-48所示。在第30帧按F6键插入关键帧，将该帧上的元件向右上方移动，如图6-49所示。

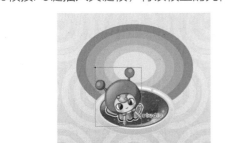

图6-48　导入素材

图6-49　移动元件位置

10 → 设置第20帧上的元件Alpha值为0%，在第20帧创建传统补间动画，如图6-50所示。导入音频文件"素材\第6章\4202.mp3"，选择"图层10"的第20帧，在"属性"面板的"名称"下拉列表中选择刚导入的声音文件，如图6-51所示。

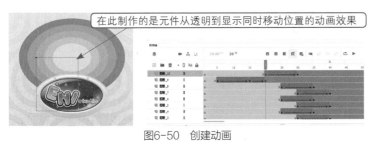

图6-50　创建动画

在此制作的是元件从透明到显示同时移动位置的动画效果

图6-51　设置声音选项

提示

　　由于事件音频在播放之前必须完全下载，所以音频文件不易过大。用户可以将同一个音频在某处设置为事件音频，而在另一处设置为流式音频。

11 → 根据"图层10"的制作方法，完成"图层11"和"图层12"上的动画效果制作，如图6-52所示。新建"图层13"，在第90帧按F6键插入关键帧，按F9键打开"动作"面板，输入脚本代码stop();，"时间轴"面板如图6-53所示。

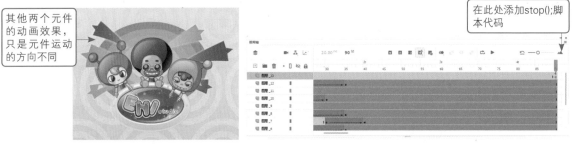

图6-52　场景效果　　　　　　　　　图6-53　"时间轴"面板

12 → 完成动画制作，执行"文件">"保存"命令，将文件保存为"源文件\第6章\案例42.fla"，按快捷键Ctrl+Enter，测试动画效果，如图6-54所示。

图6-54　测试动画效果

案例43 按钮声音：为按钮添加音效

本案例制作一个游戏网站的导航菜单，将各菜单项制作为按钮元件，并且在按钮中添加声音效果，增强游戏网站导航菜单的交互性效果。图6-55是为按钮添加音效的流程图。

教学视频

图6-55　操作流程图

- 掌握传统补间动画的制作方法
- 掌握声音属性的设置方法
- 掌握元件样式的设置方法
- 理解按钮元件各帧的作用

01 执行"文件">"新建"命令，弹出"新建文档"对话框，对相关选项进行设置，如图6-56所示。单击"创建"按钮，新建文件，设置"舞台颜色"为"灰色"。

02 执行"插入">"新建元件"命令，弹出"创建新元件"对话框，新建影片剪辑元件，设置如图6-57所示。

新建"名称"为"卡通1动画"的影片剪辑元件

图6-56 "新建文档"对话框   图6-57 "创建新元件"对话框

03 导入素材图像"素材\第6章\4303.png"，将其转换成"名称"为"卡通1"的图形元件，并调整元件的位置，如图6-58所示。在第10帧按F6键插入关键帧，选择第1帧上的元件，在"属性"面板中设置其"亮度"为100%，在第1帧创建传统补间动画，如图6-59所示。

在"样式"下拉列表中选择"亮度"选项，即可设置元件的亮度

导入素材，转换为元件，并调整元件的位置

图6-58 导入素材

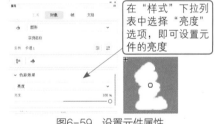

图6-59 设置元件属性

04 新建"图层2"，导入音频素材"素材\第6章\4301.mp3"，在"属性"面板的"名称"下拉列表中选择刚导入的声音文件，如图6-60所示。

05 新建"图层3"，在第10帧按F6键插入关键帧，按F9键打开"动作"面板，输入脚本代码stop();，"时间轴"面板如图6-61所示。

选择需要为影片添加的声音

设置声音在动画中只播放一次

图6-60 设置声音属性

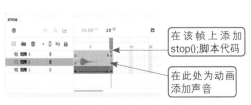

在该帧上添加stop();脚本代码

在此处为动画添加声音

图6-61 "时间轴"面板

提示

在生成影片时，如果导入的是MP3文件，最好还是以MP3格式进行导出。MP3格式文件最大的特点就是以较小的比特率、较大的压缩比达到近乎完美的CD音质。所以用MP3格式对WAV音乐文件进行压缩既可以保证效果，也达到了减少数据量的目的。

提示

有时音乐文件无法导入Animate中，说明它的压缩率不在Animate支持的范围内。解决的方法是重新对音乐文件进行压缩或采样，一般可以尝试重新下载可以导入Animate中的音频文件。

06 → 执行"插入" > "新建元件"命令，弹出"创建新元件"对话框，新建按钮元件，设置如图6-62所示。导入素材图像"素材\第6章\4302.png"，如图6-63所示。

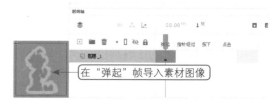

图6-62 "创建新元件"对话框　　　　　　图6-63 导入素材

07 → 在"指针经过"帧按F7键插入空白关键帧，从"库"面板中将"卡通1动画"元件拖入舞台中，在"点击"帧按F5键插入帧，如图6-64所示。使用相同的方法，制作其他相似的元件，如图6-65所示。

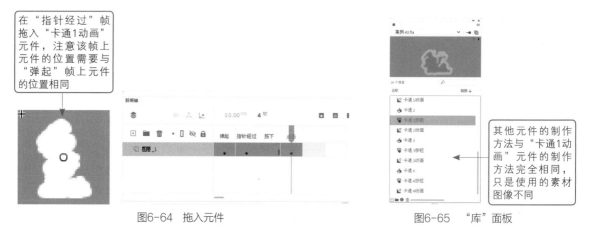

图6-64 拖入元件　　　　　　　　　　图6-65 "库"面板

08 → 执行"插入" > "新建元件"命令，弹出"创建新元件"对话框，新建影片剪辑元件，设置如图6-66所示。导入素材图像"素材\第6章\4310.png"，如图6-67所示。

09 → 新建"图层2"，从"库"面板将"卡通1按钮"元件拖入舞台中，并调整至合适的位置，如图6-68所示。使用相同的方法，依次将"卡通2按钮""卡通3按钮"和"卡通4按钮"元件拖入舞台中，如图6-69所示。

新建"名称"为"菜单动画"的影片剪辑元件

图6-66　"创建新元件"对话框

图6-67　导入素材

图6-68　拖入元件1

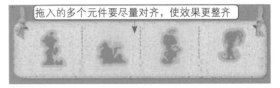

图6-69　拖入元件2

10 → 返回"场景1"编辑状态，导入素材图像"素材\第6章\4301.jpg"，如图6-70所示。新建"图层2"，从"库"面板将"菜单动画"元件拖入舞台中，如图6-71所示。

图6-70　导入素材

图6-71　拖入元件

11 → 完成动画制作，执行"文件">"保存"命令，将文件保存为"源文件\第6章\案例43.fla"，按快捷键Ctrl+Enter，测试动画效果，如图6-72所示。

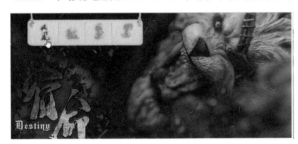

图6-72　测试动画效果

案例44　导入视频：制作网站宣传动画

本案例讲解在Animate中导入视频文件的方法，并且用基础动画加以配合，最终完成动画效果制作。本案例的目的是使读者掌握视频的导入方法。图6-73为制作网站宣传动画的流程图。

教学视频

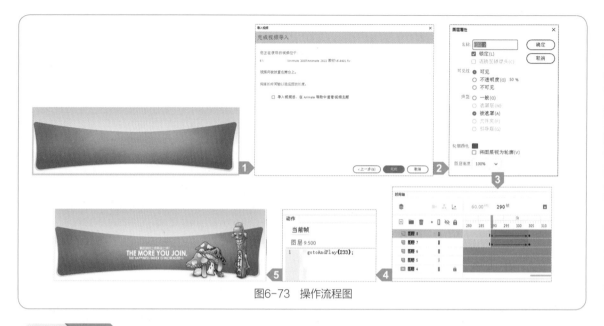

图6-73　操作流程图

案例　重点

- 掌握导入视频的方法
- 掌握多图层遮罩的方法
- 理解导入视频的3种方式
- 掌握传统补间动画的制作方法

案例　步骤

01 → 执行"文件">"新建"命令，弹出"新建文档"对话框，设置如图6-74所示。单击"创建"按钮，新建文件。

02 → 导入素材图像"素材\第6章\4401.jpg"，在第500帧按F5键插入帧，如图6-75所示。

图6-74　"新建文档"对话框

图6-75　导入素材

03 → 新建"图层2"，在第5帧按F6键插入关键帧，删除第190帧以后的帧，执行"文件">"导入">"导入视频"命令，弹出"导入视频"对话框，单击"浏览"按钮，在弹出的"打开"对话框中选择需要导入的视频文件"素材\第6章\4401.flv"，如图6-76所示。单击"打开"按钮，选中"在SWF中嵌入FLV并在时间轴中播放"单选按钮，如图6-77所示。

图6-76　选择需要导入的视频

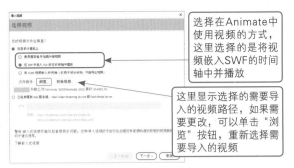

图6-77　设置"导入视频"对话框

提示

Animate 2022中的视频根据文件的大小和网络条件可以采用3种方式导入Animate文件中，分别是渐进式下载、嵌入视频和流式加载视频。

选中"使用播放组件加载外部视频"单选按钮，在导入视频时，会同时通过FLVPlayback组件创建视频的外观。将文件以SWF格式发布并将其上传到Web服务器时，还必须将视频文件上传到Web服务器或Animate Media Server，并按照已上传视频文件的位置进行配置。

选中"在SWF中嵌入FLV并在时间轴中播放"单选按钮，允许将FLV或F4V嵌入Animate文件中成为文件的一部分，导入的视频将直接置于时间轴中，可以清晰地看到时间轴表示的各个视频帧的位置。

选中"将H.264视频嵌入时间轴"单选按钮，与在Animate文件中嵌入视频类似，但是视频只能作为文件中时间轴的时间，不能导出视频。

04 ▶ 单击"下一步"按钮，切换到"嵌入"选项设置，这里使用默认设置，如图6-78所示。单击"下一步"按钮，切换到"完成视频导入"选项设置，显示导入视频的相关内容，如图6-79所示。单击"完成"按钮，导入视频并嵌入时间轴中，如图6-80所示。

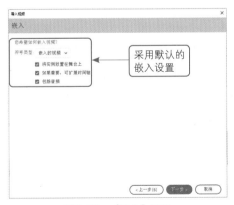

图6-78　"嵌入"界面

图6-79　"完成视频导入"界面

05 ▶ 新建"图层3"，在第233帧按F6键插入关键帧，使用相同的方法，导入视频并嵌入时间轴，如图6-81所示。

06 ▶ 新建"图层4"，在第5帧按F6键插入关键帧，使用"钢笔工具"绘制图形并填充颜色，如图6-82所示。将"图层4"设置为遮罩层，创建遮罩动画，如图6-83所示。

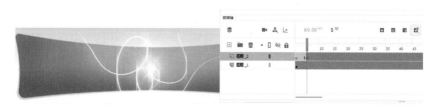

图6-80　导入视频

图6-81　"时间轴"面板

绘制一个与背景图像一样大小的图形，方便对视频进行遮罩处理

图6-82　绘制图形

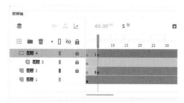

图6-83　创建遮罩动画

07 → 在"图层2"上右击，在弹出的快捷菜单中选择"属性"命令，弹出"图层属性"对话框，设置"类型"为"被遮罩"，该图层会被设置为被遮罩层，如图6-84所示。单击"确定"按钮，将"图层3"同样设置为"图层4"的被遮罩层，如图6-85所示。

图6-84　"图层属性"对话框

一个遮罩层下面可以有多个连续的被遮罩层

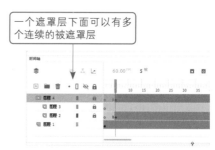

图6-85　"时间轴"面板

08 → 新建"图层5"，在第110帧按F6键插入关键帧，导入素材图像"素材\第6章\4402.png"，将其转换成"名称"为"卡通1"的图形元件，如图6-86所示。在第137帧按F6键插入关键帧，选中第110帧上的元件，设置其Alpha值为0%，创建传统补间动画，如图6-87所示。

09 → 新建"图层6"，在第189帧按F6键插入关键帧，导入素材图像"素材\第6章\4403.png"，将其转换成"名称"为"卡通2"的图形元件，如图6-88所示。新建"图层7"，在第290帧按F6键插入关键帧，导入素材图像"素材\第6章\4405.png"，将其转换成"名称"为"文字2"的图形元件，如图6-89所示。

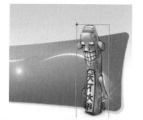

图6-86 导入素材并转换为元件

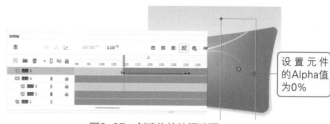

图6-87 创建传统补间动画

图6-88 导入素材并转换为元件1

图6-89 导入素材并转换为元件2

10 → 在第305帧按F6键插入关键帧，选择第290帧的元件，设置其Alpha值为0%，在第290帧创建传统补间动画，如图6-90所示。使用相同的方法，完成"图层8"中的动画效果制作，如图6-91所示。

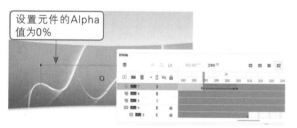

图6-90 创建传统补间动画

图6-91 场景效果

11 → 新建"图层9"，在第500帧按F6键插入关键帧，按F9键打开"动作"面板，输入脚本代码，如图6-92所示。"时间轴"面板如图6-93所示。

图6-92 输入脚本代码

图6-93 "时间轴"面板

12 → 完成动画制作，执行"文件">"保存"命令，将文件保存为"源文件\第6章\案例44.fla"，按快捷键Ctrl+Enter，测试动画效果，如图6-94所示。

图6-94 测试动画效果

知识 拓展

在Animate 2022中，用户可以导入多种格式的视频文件，如果计算机系统中安装了适用于Macintosh的QuickTime 7、适用于Windows的QuickTime 6.5，或者安装了DirectX 9或更高版本(仅限于Windows)，则可以导入多种文件格式的视频，如MOV、AVI和MPG/MPEG等格式，还可以导入MOV格式的链接视频。用户可以将带有嵌入视频的Animate文件发布为SWF格式文件。如果使用带有链接的Animate文件，就必须以QuickTime格式发布。

如果安装了QuickTime 7，则导入嵌入视频时支持的视频文件格式见表6-3。

如果系统中安装了DirectX 9或者更高版本(仅限于Windows)，则导入嵌入视频时支持的视频文件格式见表6-4。

表6-3 视频文件格式

文件类型	扩展名
音频视频	.avi
数字视频	.dv
运动图像专家组	.mpg、.mpeg
Quick Time视频	.mov

表6-4 支持的视频文件格式

文件类型	扩展名
音频视频	.avi
运动图像专家组	.mpg、.mpeg
Windows Media	.wmv、.asf

案例45　嵌入视频：动画中视频的应用

本案例主要讲解视频在Animate动画中的应用，通过向动画中导入视频并嵌入时间轴上播放，制作一个动态十足的开场动画效果，通过本案例读者可以掌握如何嵌入视频。图6-95为此类动画的流程图。

教学视频

图6-95　操作流程图

案例 重点

- 掌握导入视频的方法
- 了解嵌入视频的要求
- 掌握如何在时间轴中嵌入视频
- 掌握传统补间动画的制作方法

案例　步骤

01 → 执行"文件">"新建"命令，弹出"新建文档"对话框，设置如图6-96所示。单击"创建"按钮，新建文件，设置"舞台颜色"为"黑色"。

02 → 在第5帧按F6键插入关键帧，执行"文件">"导入">"导入视频"命令，弹出"导入视频"对话框，选择需要导入的视频，设置如图6-97所示。

图6-96　"新建文档"对话框　　　　　图6-97　导入视频

提示

当用户嵌入视频时，所有视频文件数据都将添加到Animate文件中，这将导致Animate文件及随后生成的SWF文件比较大。视频被放置在时间轴中，方便查看在时间帧中显示的单独视频帧。由于每个视频帧都由时间轴中的一个帧表示，因此视频剪辑和SWF文件的帧速率必须设置为相同的速率。如果对SWF文件和嵌入的视频剪辑使用不同的帧速率，视频回放将不一致。

03 → 单击"下一步"按钮，切换到"嵌入"选项设置，这里使用默认设置，如图6-98所示。单击"下一步"按钮，切换到"完成视频导入"选项设置，显示导入视频的相关内容，如图6-99所示。单击"完成"按钮，将视频导入舞台中，并嵌入时间轴上，如图6-100所示。

图6-98　"嵌入"界面　　　　　图6-99　"完成视频导入"界面

提示

对于回放时间少于10s的较小视频剪辑，嵌入视频的效果最好。如果是回放时间较长的视频剪辑，可以考虑使用渐进式下载的视频，或者使用Animate Media Server传送视频流。

04 → 新建"图层2"，在第45帧按F6键插入关键帧，导入素材"素材\第6章\4501.jpg"，将其转换成"名称"为"背景"的图形元件，如图6-101所示。

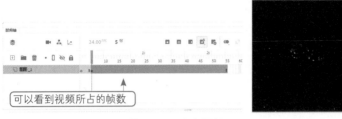

可以看到视频所占的帧数

图6-100　导入视频　　　　　　　　　　　　　　图6-101　导入素材

05 → 在第56帧按F6键插入关键帧，选择第45帧上的元件，设置其Alpha值为0%，在第45帧创建传统补间动画，如图6-102所示。

06 → 新建"图层3"，在第45帧按F6键插入关键帧，导入素材"素材\第6章\4502.png"，将其转换成"名称"为"羽毛"的图形元件，如图6-103所示。

设置元件的Alpha值为0%

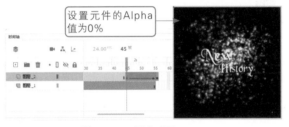

图6-102　创建动画　　　　　　　　　　　　　　图6-103　导入素材

07 → 在第56帧按F6键插入关键帧，选择第45帧上的元件，将其等比例缩小，并设置其Alpha值为0%，在第45帧创建传统补间动画，如图6-104所示。

08 → 新建"图层4"，在第56帧按F6键插入关键帧，导入素材图像"素材\第6章\4503.png"，将其转换成"名称"为"文字"的图形元件，如图6-105所示。

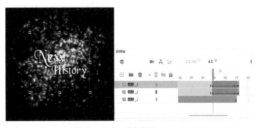

图6-104　创建动画　　　　　　　　　　　　　　图6-105　导入素材

提示

　　如果在Animate文件中导入的视频或音频文件不支持，则会弹出信息，提示无法完成文件导入。还有一种情况是可以导入视频但无法导入音频，解决办法是通过其他软件对视频或音频进行格式修改。

09 → 新建"图层5"，在第56帧按F6键插入关键帧，打开"动作"面板，输入脚本代码stop();，如图6-106所示。"时间轴"面板如图6-107所示。

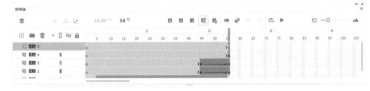

图6-106　输入脚本代码　　　　　　图6-107　"时间轴"面板

10→ 完成动画制作，执行"文件">"保存"命令，将文件保存为"源文件\第6章\案例45.fla"，按快捷键Ctrl+Enter，测试动画效果，如图6-108所示。

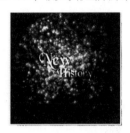

图6-108　测试动画效果

案例46　视频与遮罩：制作网站视频广告

教学视频

根据Animate动画的表现要求，常常需要使视频显示为不同的形状，在Animate中使用遮罩的方法即可将视频显示为任意形状。本案例的目的是使读者掌握在Animate中对视频进行遮罩处理的方法。图6-109为制作网站视频广告的流程图。

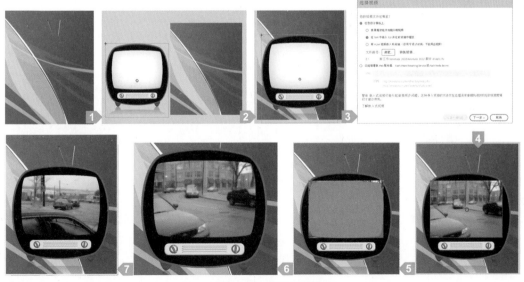

图6-109　操作流程图

141

案例 重点

- 掌握嵌入视频的方法
- 掌握对视频进行遮罩处理的方法
- 理解嵌入视频的选项设置
- 掌握传统补间动画的制作方法

案例 步骤

01 → 执行"文件">"新建"命令，弹出"新建文档"对话框，设置如图6-110所示。单击"创建"按钮，新建文件。

02 → 导入素材图像"素材\第6章\4601.jpg"，在第520帧按F5键插入帧，如图6-111所示。

图6-110 "新建文档"对话框

图6-111 导入素材

提示

对于视频的播放帧频，一般是24帧/秒，因此，如果动画中存在视频文件，最好将Animate动画的帧频设置为24帧/秒。

03 → 新建"图层2"，在第30帧按F6键插入关键帧，导入素材图像"素材\第6章\4602.png"，将其转换成"名称"为"天线"的图形元件，如图6-112所示。在第60帧按F6键插入关键帧，将该帧上的元件向上移动，如图6-113所示。

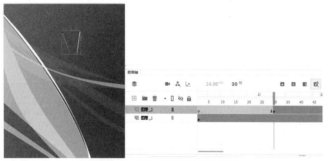

图6-112 导入素材并转换为元件

图6-113 向上移动元件

04 → 选择第30帧的元件，设置其Alpha值为0%，在第30帧创建传统补间动画，如图6-114所示。

05 → 新建"图层3"，导入素材图像"素材\第6章\4603.png"，将其转换成"名称"为"电视"的图形元件，如图6-115所示。

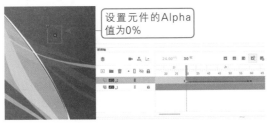

图6-114　创建动画

图6-115　导入素材并转换为元件

06 → 在第30帧按F6键插入关键帧，将该帧上的元件向右移动，在第1帧创建传统补间动画，如图6-116所示。

07 → 新建"图层4"，在第60帧按F6键插入关键帧，执行"文件">"导入">"导入视频"命令，弹出"导入视频"对话框，选择需要导入的视频，如图6-117所示。

图6-116　创建动画

图6-117　"导入视频"对话框

08 → 单击"下一步"按钮，切换到"嵌入"界面，这里使用默认设置，如图6-118所示。单击"下一步"按钮，切换到"完成视频导入"界面，显示导入视频的相关内容，如图6-119所示。

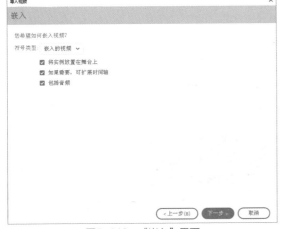

图6-118　"嵌入"界面

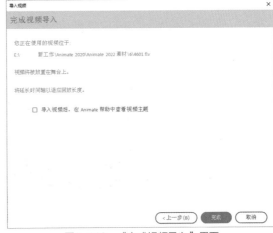

图6-119　"完成视频导入"界面

提示

在"符号类型"下拉列表中包含3个选项，分别是"嵌入的视频""影片剪辑"和"图形"。如果选择"嵌入的视频"选项，直接将视频导入时间轴上；如果选择"影片剪辑"选项，将视频置于影片剪辑案例中，这样可以很好地控制影片剪辑，视频的时间轴将独立于主时间轴进行播放；如果选择"图形"选项，则将视频置于图形元件中，通常这种方法将无法使用ActionScript与该视频进行交互。

09 → 单击"完成"按钮，将视频导入舞台中，并嵌入时间轴上，视频文件默认显示为矩形，如图6-120所示。"时间轴"面板如图6-121所示。

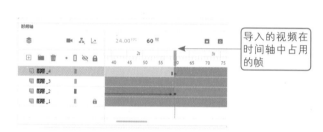

图6-120 完成视频导入 　　　　　　图6-121 "时间轴"面板

10 → 新建"图层5"，在第60帧按F6键插入关键帧，使用绘图工具绘制遮罩图形，如图6-122所示。将"图层5"设置为遮罩层，创建遮罩动画，如图6-123所示。

图6-122 绘制图形 　　　　　　　图6-123 创建遮罩动画

11 → 完成动画制作，执行"文件"＞"保存"命令，将文件保存为"源文件\第6章\案例46.fla"，按快捷键Ctrl+Enter，测试动画效果，如图6-124所示。

图6-124 测试动画效果

应用ActionScript 3.0脚本

在设计Animate动画作品时，合理地运用ActionScript 3.0的相关知识，可以实现更美好、更具丰富视觉效果的动画作品。另外，还可以实现与用户的交互，这是实现强大动画功能的先决条件。本章将讲解如何在Animate动画中应用ActionScript 3.0脚本实现各种特效。

案例47　Loader类：调用外部SWF文件

教学视频

在制作动画的过程中，经常需要将一个动画载入另外一个动画中，这样既方便动画的制作和修改，又能够保证动画在网站中的顺利浏览。例如一些网站的开场动画、产品介绍动画和游戏等。图7-1为调用外部SWF文件的流程图。

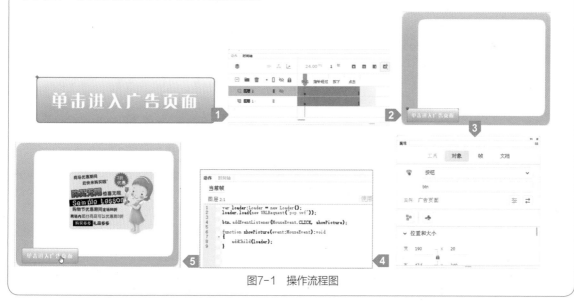

图7-1　操作流程图

案例　重点

● 理解按钮元件的状态　　● 掌握元件实例名称的设置方法　　● 掌握Loader类的使用方法

案例　步骤

01 → 执行"文件">"新建"命令，弹出"新建文档"对话框，选择ActionScript 3.0选项，对其他选项进行设置，如图7-2所示。单击"创建"按钮，新建文件。

02 → 执行"插入">"新建元件"命令，弹出"创建新元件"对话框，新建按钮元件，设置如图7-3所示。

新建"名称"为"广告页面"的按钮元件

图7-2　"新建文档"对话框　　　　　图7-3　"创建新元件"对话框

03 → 选择"矩形工具"，设置"填充颜色"为线性渐变，"笔触颜色"为#009900，"笔触大小"为1像素的实线，"矩形圆角半径"为5，在画布中绘制圆角矩形，如图7-4所示。在"点击"帧位置按F5键插入帧，如图7-5所示。

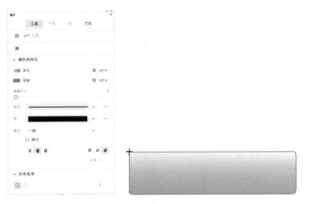

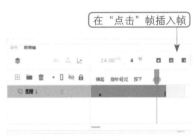

在"点击"帧插入帧

图7-4　绘制圆角矩形　　　　　　图7-5　"时间轴"面板

04 → 新建"图层2"，使用"文本工具"在画布中输入文字，并将文字创建轮廓，如图7-6所示。"时间轴"面板如图7-7所示。

图7-6　输入文字　　　　　　　图7-7　"时间轴"面板

05 → 返回"场景1"编辑状态，执行"文件">"导入">"导入到舞台"命令，导入素材图像"素材\第7章\4701.png"，调整至合适的大小，如图7-8所示。从"库"面板将"广告页面"元件拖入舞台中，调整至合适的位置和大小，如图7-9所示。

图7-8　导入素材

图7-9　拖入元件

06 → 选中刚拖入的元件，在"属性"面板中设置其"实例名称"为btn，如图7-10所示。

07 → 新建"图层2"，选择第1帧，按F9键打开"动作"面板，输入ActionScript脚本代码，如图7-11所示。

设置舞台中"广告页面"元件的实例名称

图7-10　设置实例名称

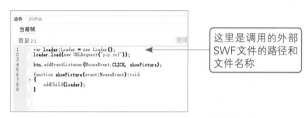

这里是调用的外部SWF文件的路径和文件名称

图7-11　输入ActionScript脚本代码

> **提示**
>
> ActionScript 3.0中的Loader类可用于加载 SWF 文件或图像(JPG、PNG 或 GIF)文件。使用load()方法来启动加载。被加载的显示对象将作为Loader对象的子级添加。Loader类会覆盖其继承的以下方法，因为Loader对象只能有一个子显示对象——其加载的显示对象。调用以下方法将引发异常：addChild()、addChildAt()、removeChild()、removeChildAt()和setChildIndex()。要删除被加载的显示对象，必须从其父 DisplayObjectContainer 子级数组中删除Loader对象。

08 → 执行"文件">"保存"命令，将文件保存为"源文件\第7章\案例47.fla"。执行"文件">"新建"命令，弹出"新建文档"对话框，选择ActionScript 3.0选项，对其他选项进行设置，如图7-12所示。单击"确定"按钮，新建文件。导入素材图像"素材第7章\4702.jpg"，如图7-13所示。

图7-12　"新建文档"对话框

图7-13　导入素材

09 → 执行"文件">"保存"命令，将文件保存为"源文件\第7章\pop.fla"，如图7-14所示。按快捷键Ctrl+Enter，测试动画，得到SWF文件，如图7-15所示。

10 → 返回"案例47.fla"文件中，按快捷键Ctrl+Enter，测试动画效果，如图7-16所示。单击动画中的按钮，即可载入外部的SWF文件，如图7-17所示。

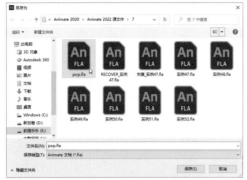

图7-14 "另存为"对话框

因为需要调用的是SWF格式文件，所以保存动画源文件后，还需要生成该动画的SWF文件

图7-15 得到SWF文件

图7-16 测试动画效果

这里显示的是载入的外部SWF文件中的内容

图7-17 载入SWF文件

案例48 侦听脚本：制作图片浏览动画效果

教学视频

在制作交互动画时，常常需要一个判断的过程，这个过程也就是侦听的过程。当程序符合基本要求后，才会执行后面的操作。在实际的制作过程中，例如动画的播放停止、元件的位置和大小等都可以通过侦听判断后，再继续其他操作。图7-18为制作图片浏览动画的流程图。

图7-18 操作流程图

- 绘制按钮图标
- 掌握元件实例名称的设置方法
- 掌握ActionScript 3.0侦听脚本的使用方法

01 → 执行"文件">"新建"命令，弹出"新建文档"对话框，选择ActionScript 3.0选项，对其他选项进行设置，如图7-19所示。单击"创建"按钮，新建文件，设置"舞台颜色"为"黑色"。

02 → 执行"插入">"新建元件"命令，弹出"创建新元件"对话框，新建按钮元件，设置如图7-20所示。

新建"名称"为"播放"的按钮元件

| 图7-19 "新建文档"对话框 | 图7-20 "创建新元件"对话框 |

03 → 使用"椭圆工具"和"多角星形工具"绘制一个播放按钮，如图7-21所示。使用相同的方法，新建"名称"为"后退"的按钮元件，绘制后退按钮，如图7-22所示。

"弹起"帧上绘制的图形
"按下"帧上绘制的图形
"指针经过"帧上绘制的图形

"弹起"帧上绘制的图形
"指针经过"帧上绘制的图形
"按下"帧上绘制的图形

| 图7-21 绘制播放按钮 | 图7-22 绘制后退按钮 |

04 → 返回"场景1"编辑状态，执行"文件">"导入">"导入到舞台"命令，将素材图像"素材\第7章\4801.jpg"导入舞台中，如图7-23所示。依次在第2帧至第5帧按F7键插入空白关键帧，并分别在各空白关键帧导入相应的素材图像，如图7-24所示。

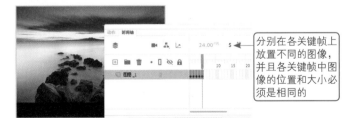

分别在各关键帧上放置不同的图像，并且各关键帧中图像的位置和大小必须是相同的

| 图7-23 导入素材 | 图7-24 导入其他素材 |

05 → 新建"图层2"，依次从"库"面板将"播放"和"后退"元件拖入场景中，如图7-25所示。再次将这两个元件拖入舞台中，并执行"修改">"变形">"水平翻转"命令，将元

件水平翻转，调整至合适的位置，如图7-26所示。

图7-25　拖入元件

图7-26　拖入并调整元件

06 →　选择后退按钮，在"属性"面板中设置其"实例名称"为bt_first，如图7-27所示。选择第2个按钮，设置其"实例名称"为bt_prev，如图7-28所示。设置第3个按钮的"实例名称"为bt_next，设置第4个按钮的"实例名称"为bt_end。

图7-27　设置实例名称1

图7-28　设置实例名称2

07 →　新建"图层3"，选中第1帧，按F9键打开"动作"面板，输入ActionScript脚本代码，如图7-29所示。执行"文件">"保存"命令，将文件保存为"源文件\第7章\案例48.fla"，如图7-30所示。

图7-29　输入ActionScript脚本

图7-30　"另存为"对话框

提示

侦听函数又叫回调函数，在添加侦听器的时候，前一个参数是事件，后一个就是侦听函数。事件是被传入侦听函数作为参数使用的；事件属于何种事件类型，在传入侦听函数的时候必须要确定。格式如下。

实例名称.addEvent Listener(侦听事件，main_start);

08 → 按快捷键Ctrl+Enter，测试动画效果，如图7-31所示。

单击动画中相应的按钮，可以实现图片的跳转显示

图7-31　测试动画效果

提示

event:MouseEvent与e:MouseEvent是没有区别的。event与e都是指函数的参数变量名，变量名可以任意定义，冒号后面说明参数的数据类型是MouseEvent事件类型。

案例49

Tween类：制作多重选择菜单

教学视频

Animate动画的应用范围越来越广泛，现在很多网站中都采用了Animate导航和Animate广告，既可以增加页面的容量，又可以使页面效果更加丰富，例如下拉菜单、网站导航和产品广告展示等都会使用到多重选择菜单。图7-32为制作多重选择菜单的流程图。

图7-32　操作流程图

案例 重点

- 理解反应区的应用　　● 掌握元件实例名称的设置方法　　● 掌握Tween类的使用方法

案例 步骤

01 → 执行"文件">"新建"命令，弹出"新建文档"对话框，选择ActionScript 3.0选项，对其他选项进行设置，如图7-33所示。单击"创建"按钮，新建文件，设置"舞台颜色"为"橘色"。

02 → 执行"插入">"新建元件"命令，弹出"创建新元件"对话框，新建按钮元件，设置如图7-34所示。

新建"名称"为"反应区"的按钮元件

图7-33　"新建文档"对话框　　　　　　　图7-34　"创建新元件"对话框

03 → 在"点击"帧按F6键插入关键帧，选择"矩形工具"，设置"笔触颜色"为无，"填充颜色"为任意颜色，在舞台中绘制矩形，如图7-35所示。"时间轴"面板如图7-36所示。

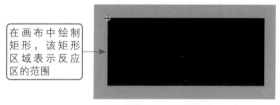

在画布中绘制矩形，该矩形区域表示反应区的范围

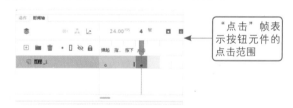

"点击"帧表示按钮元件的点击范围

图7-35　绘制矩形　　　　　　　　　　图7-36　"时间轴"面板

04 → 执行"插入">"新建元件"命令，弹出"创建新元件"对话框，新建影片剪辑元件，设置如图7-37所示。执行"文件">"导入">"导入到舞台"命令，导入素材图像"素材\第7章\4901.jpg"，如图7-38所示。

新建"名称"为"广告"的影片剪辑元件

图7-37　"创建新元件"对话框　　　　　　图7-38　导入素材

05 → 选中刚导入的素材图像，执行"修改">"转换为元件"命令，将其转换成"名称"为"项目1"的影片剪辑元件，如图7-39所示。选中该元件，在"属性"面板中设置其"实例名称"为home_mc，并设置其坐标位置，如图7-40所示。

06 → 使用相同的方法，导入另一张素材图像，将其转换成"名称"为"项目2"的影片剪辑元件，在"属性"面板中对相关属性进行设置，如图7-41所示，场景效果如图7-42所示。

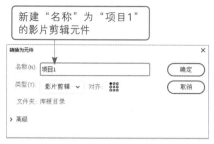

新建"名称"为"项目1"
的影片剪辑元件

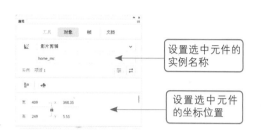

设置选中元件的
实例名称

设置选中元件
的坐标位置

图7-39　"创建新元件"对话框　　　　　　图7-40　设置"属性"面板1

07 → 使用相同的方法，导入另一张素材图像，将其转换成"名称"为"项目3"的影片剪辑元件，在"属性"面板中设置选中元件的实例名称和坐标位置，如图7-43所示，场景效果如图7-44所示。

将导入的素材图像转
换为元件，调整位置
并设置实例名称

图7-41　设置"属性"面板2　　　图7-42　场景效果　　　图7-43　设置"属性"面板　　　图7-44　场景效果

08 → 返回"场景1"编辑状态，使用"文本工具"在场景中输入文本内容，如图7-45所示。新建"图层2"，从"库"面板将"反应区"元件拖入舞台中，并调整至合适的大小和位置，如图7-46所示。

09 → 选中刚拖入的元件，在"属性"面板中设置其"实例名称"为home_btn，如图7-47所示。使用相同的方法，拖入"反应区"元件，并分别设置"实例名称"为news_btn和about_btn，如图7-48所示。

反应区表示超链接的点击
响应范围，在Animate中
显示为半透明蓝色，在预
览动画时不显示

该元件的"实
例名称"为
news_btn

该元件的"实
例名称"为
about_btn

图7-45　输入文字　　　　图7-46　拖入元件　　　　图7-47　设置实例名称　　　图7-48　场景效果

10 → 新建"图层3"，从"库"面板将"广告"元件拖入场景中，调整至合适的位置，如图7-49所示。选中该元件，在"属性"面板中设置其"实例名称"为main_mc，如图7-50所示。

11 → 新建"图层4"，选中第1帧，按F9键打开"动作"面板，输入ActionScript脚本代码，如图7-51所示。"时间轴"面板如图7-52所示。

拖入元件并调整
至合适的位置

图7-49　拖入元件　　　图7-50　设置实例名称

12 → 执行"文件">"保存"命令，将文件保存为"源文件\第7章\案例49.fla"，按快捷键

Ctrl+Enter，测试动画效果，如图7-53所示。

图7-51　输入ActionScript代码

ActionScript 3.0支持一个很特别的新类——Tween类，利用Tween类可以使很多影片剪辑运动效果变得简单。Tween类的使用方法如下。

someTweenID=new mx.transitions. Tween(object, property, function, begin, end, duration, useSeconds)

在该帧上添加的ActionScript脚本代码

图7-52　"时间轴"面板

单击相应的选项，即可将动画过渡到相应内容的显示

图7-53　测试动画效果

案例50　scaleX和scaleY属性：使用按钮控制元件大小

教学视频

在ActionScript 3.0中可以通过scaleX与scaleY属性控制元件的大小尺寸，本案例通过这两个属性实现对元件的缩放效果控制。图7-54为使用按钮控制元件大小的流程图。

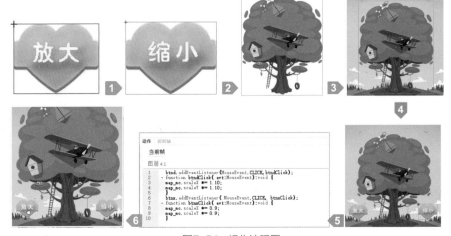

图7-54　操作流程图

案例 **重点**

- 理解按钮元件的应用
- 掌握scaleX和scaleY属性的使用方法
- 掌握元件实例名称的设置方法

案例 **步骤**

01 → 执行"文件">"新建"命令，弹出"新建文档"对话框，选择ActionScript 3.0选项，对其他选项进行设置，如图7-55所示。单击"创建"按钮，新建文件。

02 → 执行"插入">"新建元件"命令，弹出"创建新元件"对话框，新建按钮元件，设置如图7-56所示。

新建"名称"为"放大"的按钮元件

图7-55　"新建文档"对话框　　　　　　　　　　图7-56　"创建新元件"对话框

03 → 执行"文件">"导入">"导入到舞台"命令，将素材图像"素材\第7章\5003.png"导入舞台中，并调整至合适的位置，如图7-57所示。在"点击"帧按F7键插入空白关键帧，使用"矩形工具"在舞台中绘制矩形，如图7-58所示。

04 → 使用相同的方法，制作"名称"为"缩小"的按钮元件，并调整至合适的位置，效果如图7-59所示。"时间轴"面板如图7-60所示。

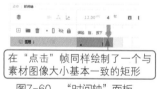

在"点击"帧同样绘制了一个与素材图像大小基本一致的矩形

图7-57　导入素材　　图7-58　绘制矩形　　图7-59　导入素材　　图7-60　"时间轴"面板

05 → 执行"插入">"新建元件"命令，弹出"创建新元件"对话框，新建影片剪辑元件，设置如图7-61所示。执行"文件">"导入">"导入到舞台"命令，将素材图像"素材\第7章\5002.png"导入舞台中，并调整至合适的位置，如图7-62所示。

06 → 返回"场景1"编辑状态，导入素材图像"素材\第7章\5001.jpg"，如图7-63所示。新建"图层2"，从"库"面板将"大树"元件拖入舞台中，如图7-64所示。选中刚拖入的元件，在"属性"面板中设置"实例名称"为map_mc，如图7-65所示。

新建"名称"为"大树"的影片剪辑元件

舞台原点位置

图7-61　"创建新元件"对话框　　图7-62　导入素材1　　图7-63　导入素材2　　图7-64　拖入元件

07 → 新建"图层3"，从"库"面板将"放大"元件和"缩小"元件拖入舞台中，并分别调整至合适的大小和位置，如图7-66所示。设置"放大"元件的"实例名称"为btnd，设置"缩小"元件的"实例名称"为btnx，如图7-67所示。

图7-65 设置实例名称

图7-66 拖入元件

08 → 新建"图层4"，按F9键打开"动作"面板，输入ActionScript脚本代码，如图7-68所示。

图7-67 设置实例名称

图7-68 输入ActionScript代码

提示

在Animate中有两种写入ActionScript 3.0脚本代码的方法：一种是在时间轴的关键帧中添加ActionScript 3.0代码；另一种是在外面写成单独的ActionScript 3.0类文件，再和Animate库元件进行绑定，或者直接和FLA文件绑定。

09 → 完成动画制作，执行"文件">"保存"命令，将文件保存为"源文件\第7章\案例50.fla"，按快捷键Ctrl+Enter，测试动画效果，如图7-69所示。

单击"放大"按钮，可以放大动画中的"大树"元件

单击"缩小"按钮，可以缩小动画中的"大树"元件

图7-69 测试动画效果

案例51 | mouseX和mouseY属性：制作鼠标跟随动画

教学视频

本案例中使用脚本实现了一个跟随鼠标坐标的动画元件。通过对元件设置实例名称，将其与鼠标的坐标对齐。这样的动画效果一般都是应用到娱乐性质网站和Animate游戏动画中，通过可爱有趣的动画形式增加动画的趣味性。图7-70为制作鼠标跟随动画的流程图。

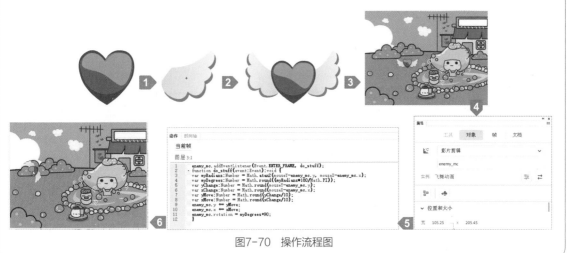

图7-70　操作流程图

案例 重点

- 掌握Animate中图形的绘制方法
- 掌握mouseX和mouseY属性的使用方法
- 掌握Animate基础动画的制作方法

案例 步骤

01 → 执行"文件">"新建"命令，弹出"新建文档"对话框，选择ActionScript 3.0选项，对其他选项进行设置，如图7-71所示。单击"创建"按钮，新建文件。

图7-71　"新建文档"对话框

02 → 执行"插入">"新建元件"命令，弹出"创建新元件"对话框，新建图形元件，设置如图7-72所示。

新建"名称"为"心"的图形元件

图7-72　"创建新元件"对话框

03 → 选择"钢笔工具"，设置"笔触颜色"为无，"填充颜色"为#C21083，在舞台中绘制心形图形，如图7-73所示。

04 → 新建"图层2"，设置"笔触颜色"为无，"填充颜色"为#F23C9B，在舞台中绘制图形，如图7-74所示。

05 → 新建"图层3"，设置"填充颜色"为Alpha值50%的白色，在舞台中绘制半透明图形，以表现图形高光，如图7-75所示。执行"插入">"新建元件"命令，弹出"创建新元件"对话框，新建图形元件，设置如图7-76所示。

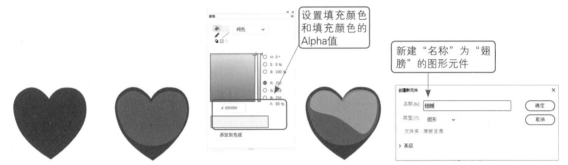

图7-73　绘制图形1　　图7-74　绘制图形2　　图7-75　绘制图形3　　图7-76　"创建新元件"对话框

06 → 使用"钢笔工具"在舞台中绘制翅膀图形，如图7-77所示。执行"插入">"新建元件"命令，弹出"创建新元件"对话框，新建影片剪辑元件，设置如图7-78所示。

图7-77　绘制图形　　　　　　　　　图7-78　"创建新元件"对话框

07 → 从"库"面板将"心"元件拖入舞台中，在第10帧按F5键插入帧，如图7-79所示。新建"图层2"，将"翅膀"元件拖入舞台中，并将"图层2"调整至"图层1"下方，如图7-80所示。

图7-79　拖入元件　　　　　　　　　图7-80　拖入元件并调整图层顺序

提示

在制作跟随的影片剪辑时，内容的元件中心位置决定了鼠标跟随的位置。对于不同的影片剪辑，可以多次试验，以得到准确的中心位置。

08 → 在"图层2"的第5帧和第10帧分别按F6键插入关键帧，选择第5帧上的元件，使用"任意变形工具"调整元件的中心点位置，旋转元件，如图7-81所示。分别在第1帧和第5帧位置创建传统补间动画，如图7-82所示。

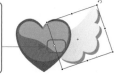
此处为元件的中心点，制作旋转动画时，各关键帧上元件的中心点必须一致，这样才能保证动画的效果

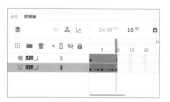

图7-81 旋转元件　　　　　　　　　图7-82 "时间轴"面板

09 → 使用相同的方法，新建"图层3"，拖入"翅膀"元件，并将其调整至合适的位置完成另一半翅膀动画效果制作，如图7-83所示。"时间轴"面板如图7-84所示。

"图层3"上的动画效果与"图层2"上的动画效果相似，将第5帧上的元件进行旋转

图7-83 场景效果　　　　　　　　　图7-84 "时间轴"面板

10 → 返回"场景1"编辑状态，执行"文件">"导入">"导入到舞台"命令，将素材图像"素材\第7章\5101.png"导入至舞台中，如图7-85所示。新建"图层2"，从"库"面板将"飞舞动画"元件拖入舞台中，并调整至合适的大小，如图7-86所示。

图7-85 导入素材　　　　　　　　　图7-86 拖入元件

11 → 选中刚拖入的元件，在"属性"面板中设置其"实例名称"为enemy_mc，如图7-87所示。新建"图层3"，选择第1帧，按F9键打开"动作"面板，在"动作"面板中输入ActionScript脚本代码，如图7-88所示。

图7-87 设置实例名称　　　　　　　图7-88 输入ActionScript脚本代码

提示

　　Math类包含常用数学函数和值的方法及常数。使用此类的属性和方法可以访问、处理数学常数和函数。Math类的所有属性和方法都是静态的，并且必须使用Math.method(parameter)或Math.constant语法才能调用。

12 → 完成动画制作，执行"文件">"保存"命令，将文件保存为"源文件\第7章\案例

51.fla"，按快捷键Ctrl+Enter，测试动画效果，如图7-89所示。

该影片剪辑元件会随着光标指针进行移动

图7-89　测试动画效果

案例52　遮罩图层：制作遮罩动画

教学视频

　　在Animate中可以直接使用遮罩图层制作遮罩动画，使用ActionScript 3.0同样可以轻松地实现遮罩动画效果。对于脚本的遮罩动画一般只是应用较为简单的图片或文字遮罩，而且脚本遮罩的体积较小，修改起来也比较方便。图7-90为使用ActionScript 3.0制作遮罩动画的流程图。

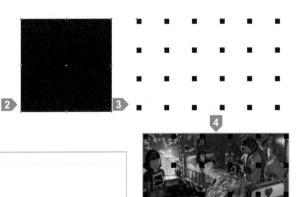

图7-90　操作流程图

案例　重点

- 掌握补间形状动画的制作方法
- 掌握设置元件实例名称的方法
- 掌握使用ActionScript 3.0实现遮罩的方法

案例　步骤

　　01 → 执行"文件">"新建"命令，弹出"新建文档"对话框，选择ActionScript 3.0选项，对其他选项进行设置，如图7-91所示。单击"创建"按钮，新建文件。

　　02 → 执行"文件">"导入">"导入到舞台"命令，导入素材图像"素材\第7章\5201.jpg"，如图7-92所示。

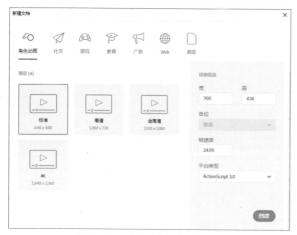

图7-91 "新建文档"对话框

图7-92 导入素材

03 → 执行"插入">"新建元件"命令,弹出"创建新元件"对话框,新建影片剪辑元件,设置如图7-93所示。选择"矩形工具",设置"笔触颜色"为无,"填充颜色"为黑色,绘制一个矩形,如图7-94所示。在第15帧按F6键插入关键帧,将该帧上的图形等比例放大,如图7-95所示。

新建"名称"为"矩形动画"的影片剪辑元件

图7-93 "创建新元件"对话框　　图7-94 绘制矩形　　图7-95 放大矩形

04 → 在第1帧创建补间形状动画,在第75帧按F5键插入帧,"时间轴"面板如图7-96所示。

补间形状动画在"时间轴"面板中显示为绿色的背景

图7-96 "时间轴"面板

05 → 执行"插入">"新建元件"命令,弹出"创建新元件"对话框,新建影片剪辑元件,设置如图7-97所示。将"矩形动画"元件多次从"库"面板拖入场景中,并调整对齐位置,如图7-98所示。在第85帧按F5键插入帧。

新建"名称"为"遮罩"的影片剪辑元件

多次拖入元件,并进行对齐和排列操作,可以通过"对齐"面板进行多对象的对齐和分布操作

图7-97 "创建新元件"对话框　　　　图7-98 多次拖入元件

06 → 返回"场景1"编辑状态,新建"图层2",将"遮罩"元件从"库"面板拖入舞台中,并调整至合适的大小和位置,如图7-99所示。选中该元件,在"属性"面板中设置其"实例名称"为a,如图7-100所示。

07 → 选中"图层1"中的背景图像,执行"修改">"转换为元件"命令,将其转换为"名称"为"背景"的影片剪辑元件，如图7-101所示。选中该元件，在"属性"面板中设置其"实例名称"为b，如图7-102所示。

图7-99　拖入元件

图7-100　设置头例名称

图7 101　"转换为元件"对话框

图7-102　设置实例名称

08 → 新建"图层3"，选中第1帧，按F9键打开"动作"面板，输入ActionScript脚本代码，如图7-103所示。

09 → 完成动画制作，执行"文件">"保存"命令，将文件保存为"源文件\第7章\案例52.fla"，按快捷键Ctrl+Enter，测试动画效果，如图7-104所示。

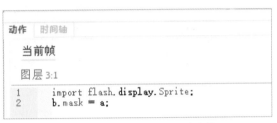
图7-103　输入ActionScript脚本代码

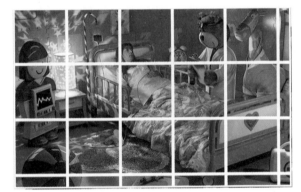
图7-104　测试动画效果

提示

单个mask对象不能用于遮罩多个执行调用的显示对象。在将mask分配给第二个显示对象时，会撤销其作为第一个对象的遮罩，该对象的mask属性将变为null。

第8章

商业动画案例

Animate动画在网页中的应用很广泛，常常可以在网站中看到Animate按钮动画、Animate导航菜单、Animate广告动画和Animate开场动画。前面几章已经介绍了Animate中各种基础动画和高级动画的制作方法，本章将通过一些网站中常见Animate商业动画的制作案例，使读者快速掌握各种不同类型的Animate动画的制作方法。

案例53　制作开场动画

教学视频

开场动画在网站中非常常见，用于增强网站的动感并吸引浏览者。本案例制作的是一个产品宣传开场动画，通过多张产品图片的遮罩切换充分展示产品。本案例的目的是使读者掌握Animate开场动画的制作方法。图8-1为制作开场动画的流程图。

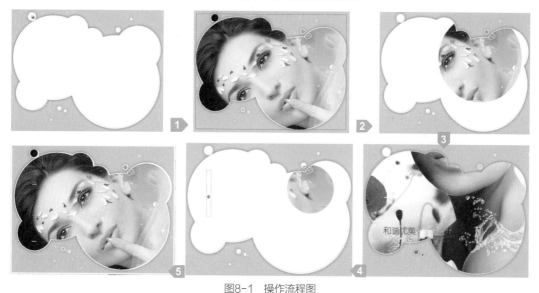

图8-1　操作流程图

案例 重点

● 掌握传统补间动画的制作方法 ● 掌握外部库的使用方法 ● 掌握遮罩动画的制作方法

案例 步骤

01 → 执行"文件">"新建"命令，弹出"新建文档"对话框，选择ActionScript 3.0选项，对其他选项进行设置，如图8-2所示。单击"创建"按钮，新建文件，设置"舞台颜色"为"青色"。

02 → 在第30帧按F6键插入关键帧，导入素材图像"素材\第8章\5301.png"，如图8-3所示。

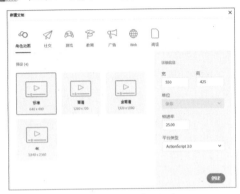

图8-2 "新建文档"对话框

图8-3 导入素材

03 → 选中导入的素材图像，将其转换成"名称"为"框"的图形元件，分别在第40帧和第45帧按F6键插入关键帧，选择第30帧上的元件，设置Alpha值为0%，并将其等比例缩小，如图8-4所示。选择第40帧上的元件，设置Alpha值为70%，并将其等比例放大，如图8-5所示。分别在第30帧和第40帧创建传统补间动画，在第1050帧按F5键插入帧，如图8-6所示。

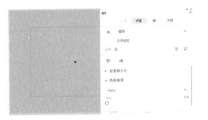

图8-4 元件效果1

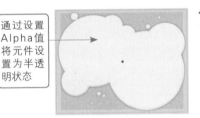

通过设置Alpha值将元件设置为半透明状态

图8-5 元件效果2

04 → 新建"图层2"，执行"文件">"导入">"打开外部库"命令，打开外部素材库文件"素材\第8章\案例53-素材.fla"，如图8-7所示。从"库"面板将"圆动画"元件拖入舞台中，调整至合适的位置，如图8-8所示。

制作元件从小到大，从透明到显示的动画效果

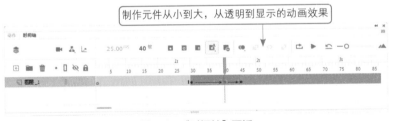

图8-6 "时间轴"面板

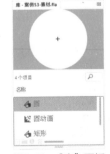

图8-7 "库"面板

05 → 新建"图层3"，在第97帧按F6键插入关键帧，导入素材图像"素材\第8章\5302.png"，如图8-9所示。

06 → 新建"图层4"，在第97帧按F6键插入关键帧，从"库"面板将"圆"元件拖入舞台中，如图8-10所示。分别在第130帧和第145帧按F6键插入关键帧，选择第130帧上的元件，将其向左移动，如图8-11所示。

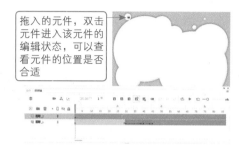

拖入的元件，双击元件进入该元件的编辑状态，可以查看元件的位置是否合适

图8-8　拖入元件

图8-9　导入素材

图8-10　拖入元件

图8-11　向左移动元件

07 → 使用"任意变形工具"，选择第145帧上的元件，按住Shift键拖曳，将该帧上的元件等比例放大，如图8-12所示。分别在第97帧和第130帧创建传统补间动画，将"图层4"设置为遮罩层，创建遮罩动画，如图8-13所示。

图8-12　等比例放大元件

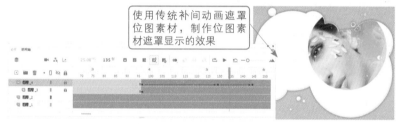

使用传统补间动画遮罩位图素材，制作位图素材遮罩显示的效果

图8-13　创建遮罩动画

08 → 新建"图层5"，在第203帧位置按F6键插入关键帧，导入素材图像"素材\第8章\5303.png"，并调整至合适的位置，如图8-14所示。

09 → 新建"图层6"，在第203帧位置按F6键插入关键帧，从"库"面板将"圆"元件拖入舞台中，如图8-15所示。

10 → 分别在第237帧和第256帧按F6键插入关键帧，选择第237帧上的元件，将该帧上的元件向上移动并等比例放大，如图8-16所示。选择第256帧上的元件，将该帧上的元件等比例放大，如图8-17所示。

图8-14　导入素材

图8-15　拖入元件

图8-16　调整元件位置和大小

图8-17　等比例放大元件

11 → 分别在第203帧和第236帧创建传统补间动画，将"图层6"设置为遮罩层，创建遮罩动画，如图8-18所示。

12 → 新建"图层7"，在第262帧按F6键插入关键帧，使用"文本工具"在画布中输入文字，将文字转换成"名称"为"文字1"的图形元件，如图8-19所示。

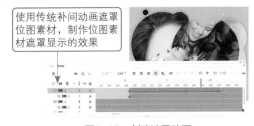

使用传统补间动画遮罩位图素材，制作位图素材遮罩显示的效果

图8-18　创建遮罩动画

图8-19　输入文字并转换为元件

13 → 分别在第269帧和第272帧按F6键插入关键帧，选择第262帧上的元件，将其等比例缩小并设置其Alpha值为0%，如图8-20所示。选择第269帧上的元件，将其等比例放大，分别在第262帧和第269帧创建传统补间动画，制作文字由小到大逐渐显示的动画效果，如图8-21所示。

14 → 新建"图层8"，在第331帧位置按F6键插入关键帧，导入素材图像"素材\第8章\5304.png"，如图8-22所示。

15 → 新建"图层9"，在第331帧位置按F6键插入关键帧，在"库"面板将"圆"元件拖入舞台中，如图8-23所示。

图8-20　元件效果

图8-21　创建传统补间动画

图8-22　导入素材

图8-23　拖入元件

16 → 分别在第359帧、第370帧和第390帧位置按F6键插入关键帧，选择第359帧上的元件，将其向上移动，如图8-24所示。选择第370帧上的元件，将其向上移动，如图8-25所示。选择第390帧上的元件，使用"任意变形工具"，按住Shift键拖曳，将元件等比例放大，如图8-26所示。

17 → 分别在第331帧、第359帧和第370帧位置创建传统补间动画，将"图层9"设置为遮罩层，创建遮罩动画，如图8-27所示。

图8-24　插入元件　　　　图8-25　向上移动元件　　图8-26　等比例放大元件

18 → 新建"图层10"，在第409帧位置按F6键插入关键帧，使用"文本工具"在画布中输入文字，将文字转换成"名称"为"文字2"的图形元件，如图8-28所示。

图8-27　创建遮罩动画

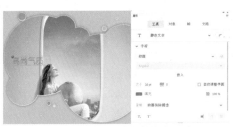

图8-28　输入文字并转换为元件

19 → 在第421帧位置按F6键插入关键帧，选择第409帧上的元件，将其等比例缩小并设置其Alpha值为0%，如图8-29所示。在第409帧创建传统补间动画，"时间轴"面板如图8-30所示。

图8-29 元件效果

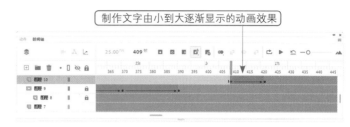

图8-30 "时间轴"面板

20 → 使用相同的方法，完成"图层11"至"图层22"上的动画效果制作，场景效果如图8-31所示。"时间轴"面板如图8-32所示。

图8-31 场景效果

图8-32 "时间轴"面板

21 → 新建"图层23"，在第133帧位置按F6键插入关键帧，从"库"面板将"矩形动画"元件拖入舞台中，如图8-33所示。新建"图层24"，在第1050帧位置按F6键插入关键帧，按F9键打开"动作"面板，输入ActionScript3.0脚本代码，如图8-34所示。

图8-33 拖入元件

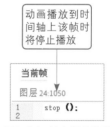

图8-34 输入脚本代码

22 → 完成动画制作，执行"文件">"保存"命令，将文件保存为"源文件\第8章\案例53.fla"，按快捷键Ctrl+Enter，测试动画效果，如图8-35所示。

图8-35 测试动画效果

案例54　制作片头动画

教学视频

　　动画中的片头动画应用范围非常广泛。不同的动画类型往往需要不同的片头动画，其主要的功能是增强动画的趣味性，并且在动画播放的过程中传达网站的主题。本案例的目的是使读者了解片头动画的表现方法。图8-36为制作片头动画的流程图。

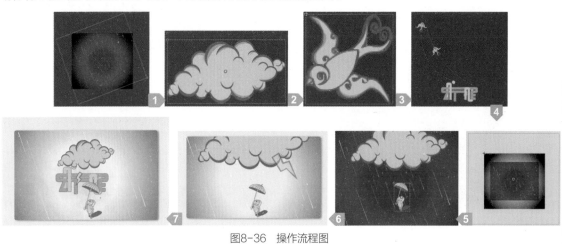

图8-36　操作流程图

案例 重点

- 掌握Animate中各种元件的应用
- 掌握传统补间动画的制作方法
- 掌握元件属性的设置方法
- 掌握传统运动引导层动画的制作方法

案例 步骤

01 → 执行"文件">"新建"命令，弹出"新建文档"对话框，选择ActionScript 3.0选项，对其他选项进行设置，如图8-37所示。单击"创建"按钮，新建文件，设置"舞台颜色"为"灰色"。

02 → 执行"插入">"新建元件"命令，弹出"创建新元件"对话框，新建图形元件，设置如图8-38所示。

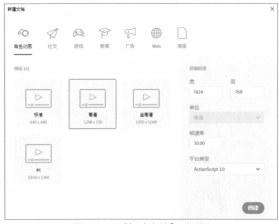

图8-37　"新建文档"对话框

图8-38　"创建新元件"对话框

03 → 使用工具箱中的绘图工具绘制图形，如图8-39所示。新建"名称"为"下雨动画"的影片剪辑元件，将"雨"元件拖入舞台中，如图8-40所示。

图8-39 绘制图形

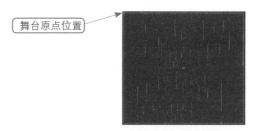

舞台原点位置

图8-40 拖入元件

04 → 在第2帧按F6键插入关键帧，将该帧上的元件向上移动，如图8-41所示。在第4帧按F6键插入关键帧，将该帧上的元件向下移动，如图8-42所示。在第2帧创建传统补间动画，使用相同的方法，完成下雨动画效果制作，"时间轴"面板如图8-43所示。

舞台原点位置

舞台原点位置

通过元件的上下移动制作下雨的动画效果

图8-41 向上移动元件   图8-42 向下移动元件   图8-43 "时间轴"面板

05 → 新建"名称"为"背景动画"的影片剪辑元件，选择"矩形工具"，在舞台中绘制一个矩形，并为该矩形填充从透明的紫色到黑色的径向渐变，如图8-44所示。将刚绘制的矩形转换成"名称"为"背景1"的图形元件。在第85帧按F6键插入关键帧，对该帧上的元件进行旋转操作，如图8-45所示。

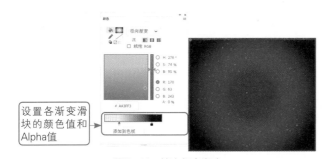

设置各渐变滑块的颜色值和Alpha值

图8-44 填充径向渐变

元件的原点位置

图8-45 旋转元件

06 → 在第1帧创建传统补间动画，并在"属性"面板中设置其"旋转"为"逆时针"，如图8-46所示。分别在第215帧和第270帧按F6键插入关键帧，对第270帧上的元件进行旋转操作，如图8-47所示。在第215帧创建传统补间动画，并在"属性"面板中设置其"旋转"为"顺时针"，如图8-48所示。

设置"旋转"选项为"逆时针"，元件将进行逆时针旋转

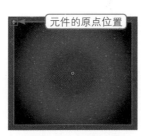

元件的原点位置

设置"旋转"选项为"顺时针"，元件将进行顺时针旋转

图8-46 设置"旋转"选项   图8-47 旋转元件   图8-48 设置"旋转"选项

提示

在制作元件的旋转动画时，可以控制元件的旋转方向和旋转次数，在"属性"面板的"旋转"下拉列表中选择相应的选项，即可控制旋转方向，在下拉列表后可以设置旋转的次数。

07 → 分别在第455帧、第480帧和第510帧按F6键插入关键帧，选择第480帧上的元件，将该帧上的元件进行旋转，如图8-49所示。分别在第455帧和第480帧创建传统补间动画，制作元件的旋转动画效果，如图8-50所示。

图8-49 旋转元件

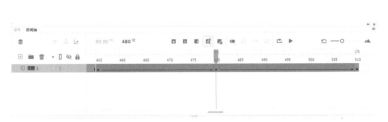

图8-50 "时间轴"面板

08 → 新建"图层2"，在第97帧按F6键插入关键帧，选择"矩形工具"，在舞台中绘制一个Alpha值为30%的黑色矩形，如图8-51所示。在第100帧按F6键插入关键帧，分别在第99帧和第103帧按F7键插入空白关键帧，如图8-52所示。

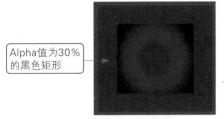

图8-51 绘制矩形

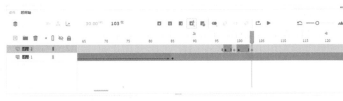

图8-52 "时间轴"面板

09 → 新建"图层3"，将"下雨动画"元件拖入舞台中，等比例放大并进行旋转操作，如图8-53所示。新建"名称"为"云朵动画"的影片剪辑元件，导入素材图像"素材\第8章\5402.png"，并将其转换成"名称"为"云朵"的图形元件，如图8-54所示。

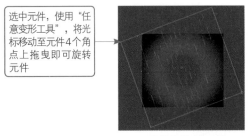

图8-53 拖入元件并旋转

图8-54 导入素材并转换为元件

10 → 在第2帧按F6键插入关键帧，设置该帧上元件的"亮度"为100%，如图8-55所示。在第5帧按F6键插入关键帧，设置该帧上元件的"样式"为无，分别在第30帧和第40帧按F6键插入关键帧，将第40帧的元件向下移动，在第30帧创建传统补间动画，如图8-56所示。使用相同的方法，完成该元件的动画效果制作。

11 → 新建"名称"为"小鸟飞"的影片剪辑元件，导入素材图像"素材\第8章\5407.png"，如图8-57所示。在第3帧按F7键插入空白关键帧，导入素材图像"5408.png"，如图8-58所示。在第5帧按F7键插入空白关键帧，将素材"5407.png"从"库"面板拖入舞台中，如图8-59所示。

图8-55 元件效果　　　　　　　　　图8-56 向下移动元件

将元件亮度设置为100%时，元件将显示为白色

舞台原点位置

图8-57 导入素材1　　　　　图8-58 导入素材2　　　　　图8-59 拖入素材

12 → 使用相同的方法，完成该元件的动画效果制作，"时间轴"面板如图8-60所示。新建"名称"为"标志动画"的影片剪辑元件，导入素材图像"素材\第8章\5406.png"，在第92帧按F5键插入帧，如图8-61所示。

各关键帧上元件的位置必须是相同的，这样制作的逐帧动画效果才会逼真

图8-60 "时间轴"面板　　　　　　　图8-61 导入素材

13 → 新建"图层2"，将"小鸟飞"元件拖入舞台中，并调整至合适的位置，在第40帧按F6键插入关键帧，如图8-62所示。为"图层2"添加传统运动引导层，使用"钢笔工具"绘制曲线。在"图层2"的第65帧按F6键插入关键帧，调整该帧上元件的位置并旋转，在第40帧创建传统补间动画，如图8-63所示。

元件的中心点必须与运动路径的端点相重合

通过引导层制作小鸟飞行的动画效果

 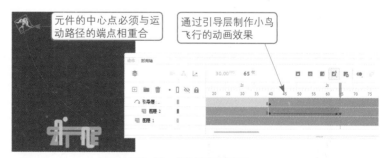

图8-62 拖入元件　　　　　　　图8-63 制作引导层动画

14 → 使用相同的方法，制作另一只小鸟的引导线动画，如图8-64所示。新建"图层6"，在第92帧按F6键插入关键帧，在"动作"面板中输入脚本stop();，"时间轴"面板如图8-65所示。

图8-64 场景效果

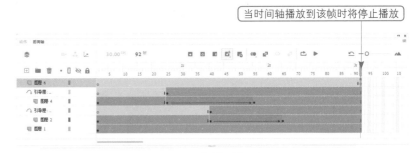

当时间轴播放到该帧时将停止播放

图8-65 "时间轴"面板

15 → 使用相同的方法，制作其他元件，如图8-66所示。返回"场景1"编辑状态，将"背景动画"元件拖入舞台中，将其等比例放大并设置其Alpha值为0%，如图8-67所示。

图8-66 "库"面板

图8-67 拖入元件并设置

16 → 在第10帧按F6键插入关键帧，设置该帧上元件的"样式"为无，并将该帧上元件等比例缩小，如图8-68所示。在第75帧按F6键插入关键帧，将该帧上元件等比例缩小，如图8-69所示。在第450帧按F5键插入帧，分别在第1帧和第10帧创建传统补间动画，如图8-70所示。

图8-68 缩小元件1

图8-69 缩小元件2

制作背景逐渐缩小并显示的动画效果

图8-70 "时间轴"面板

17 → 新建"图层2"，在第130帧按F6键插入关键帧，将"背景2"元件拖入舞台中，如图8-71所示。在第255帧按F6键插入关键帧，选择第130帧上的元件，将其向下移动并设置其Alpha值0%，在第130帧创建传统补间动画，制作元件由下向上移动并逐渐显示的动画效果，如图8-72所示。

图8-71 拖入元件

图8-72 向下移动元件

18 → 将"图层2"调整至"图层1"下方，在"图层1"上新建"图层3"，将"云朵"元件拖入舞台中，并设置其"亮度"为100%，如图8-73所示。在第20帧按F6键插入关键帧，设置该帧上元件的"样式"为无，并对其进行旋转操作，如图8-74所示。在第55帧按F6键插入关键帧，调整该帧上元件的大小、位置和旋转角度，如图8-75所示。

图8-73　拖入元件

图8-74　调整元件1

图8-75　调整元件2

19 → 在第75帧按F6键插入关键帧，调整该帧上元件的大小、位置和旋转角度，如图8-76所示。在第85帧按F6键插入关键帧，调整该帧上元件的大小、位置和角度，如图8-77所示。

20 → 在第100帧按F6键插入关键帧，调整该帧上元件的大小、位置和旋转角度，如图8-78所示。在第115帧按F6键插入关键帧，调整该帧上元件的大小、位置和角度，如图8-79所示。

图8-76　调整元件3

图8-77　调整元件4

图8-78　调整元件5

图8-79　调整元件6

提示

在一个大的动画中，总会有多个小的影片剪辑元件。控制它们有两种方式：一种是使用实例名称通过脚本控制；另外一种是在制作这些小动画时就考虑到整体动画的效果，无论是速度还是特效。

21 → 在第134帧按F6键插入关键帧，调整该帧上元件的大小、位置和角度，如图8-80所示。在第135帧按F7键插入空白关键帧，将"云朵动画"元件拖入舞台中并调整至合适的位置，如图8-81所示。

22 → 分别在第1、20、55、75、85、100、115帧创建传统补间动画。打开外部库文件"素材\第8章\案例54-素材.fla"，如图8-82所示。

23 → 新建"图层4"，在第50帧按F6键插入关键帧，将"小人1动画"元件拖入舞台中，如图8-83所示。

这里拖入的"云朵动画"元件的位置和大小必须与第134帧上元件的大小和位置相一致

图8-80　调整元件7

图8-81　拖入元件

图8-82　"库"面板

图8-83　拖入元件

24 → 在第65帧按F6键插入关键帧，将该帧上的元件向左移动，如图8-84所示。选择第50帧上的元件，设置其Alpha值为20%，在第50帧创建传统补间动画，制作元件向左移动并逐渐显示的动画效果，如图8-85所示。

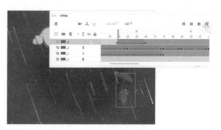

图8-84　移动元件　　　　　　　　　图8-85　设置元件Alpha值

提示

在制作卡通网站开场动画时，首先注意应用的色彩要与表达的内容一致，动画也不宜太过复杂，要将重点体现在标志性的卡通图形动画上，通过不同的画面展现网站多方面的内容。

25 → 新建"图层5"，在第55帧按F6键插入关键帧，将"闪电动画1"元件拖入舞台中，如图8-86所示。在第85帧按F6键插入关键帧，调整该帧上元件的大小和位置，并设置其Alpha值为0%，如图8-87所示。在第55帧创建传统补间动画，制作元件由大变小并逐渐消失的动画效果。

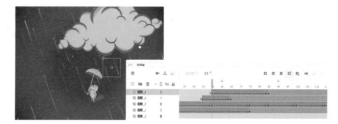

图8-86　拖入元件　　　　　　　　　图8-87　设置元件Alpha值

26 → 使用相同的方法，制作"图层6"的动画效果，将"图层5"和"图层6"调整至"图层3"的下方，如图8-88所示。

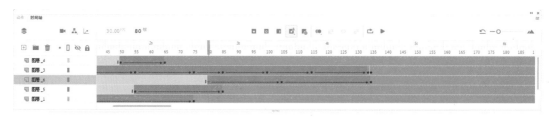

图8-88　"时间轴"面板

27 → 使用相同的方法，制作"图层7"至"图层11"的动画效果，场景效果如图8-89所示。"时间轴"面板如图8-90所示。

28 → 在图层的最上方新建"图层12"，将"外框"元件拖入舞台中，在"属性"面板中为其添加"投影"滤镜，并对相关选项进行设置，如图8-91所示。新建"图层13"，在第450帧按F6键插入关键帧，在"动作"面板中输入脚本代码stop();，将该文件舞台的"背景颜色"修改为#EBEBEB，场景效果如图8-92所示。

图8-89　场景效果

图8-90　"时间轴"面板

图8-91　拖入元件并添加滤镜

图8-92　场景效果

提示

　　"投影"滤镜可以模拟对象向一个表面投影的效果，或是在背景中剪出一个形似对象的形状模拟对象的外观。在"滤镜"属性中选择"投影"选项，可以看到列表中包括很多参数，如模糊、强度、品质、角度、距离、挖空、内阴影等，通过这些参数设置可以为元件添加不同的投影效果。

29 → 完成动画制作，执行"文件">"保存"命令，将文件保存为"源文件\第8章\案例54.fla"，按快捷键Ctrl+Enter，测试动画效果，如图8-93所示。

图8-93　测试动画效果